飼い主さんに伝えたい130のこと

イヌがおしえるイヌの本音

監修 井原 亮 SKYWAN! DOG SCHOOL代表

イラスト みずしな孝之

はじめに

イヌのみなさん、はじめまして。
この本を手にとったみなさんは
なにやら悩みを抱えているようですね。
飼い主にうまく気持ちが伝わらない？
お友だちの行動が理解できない？
しっぽが勝手に動いちゃう？
お任せください。
みなさんの疑問にはわたしがお答えします！

気持ちを伝えるしぐさや
コミュニケーションの方法、
それからあなたの体のヒミツまで、
イチからじっくり解説しますよ。
こっそり読んで勉強し、
大好きな飼い主といっしょに
ワンダフルなイヌライフをお過ごしください。

チワワ先生
井原亮

おしえて！　チワワ先生

もっとはじっこ歩きなさいよー!!
シャーロット♀
そっちこそ わたしの行き先 ジャマしないでよ!!
ももこ♀
あー… またあの2匹が ケンカしてる…
ぷーすけ♂
ライバル心 むきだしだし だからね～…
チャッピー♂
仲直りして 友だちになれば いいのに…
でも、ウチら犬って 気持ちを伝えるの うまくないから…
ご主人に、もっと おいしいごはんに してほしいの わかってほしいのに…
ゴルゴ♂

やまと・♂

柴犬の男の子。飼い主に
忠実で男らしい性格。

チワワ先生・♂

イヌのことならなんでも
知っているイヌ博士。

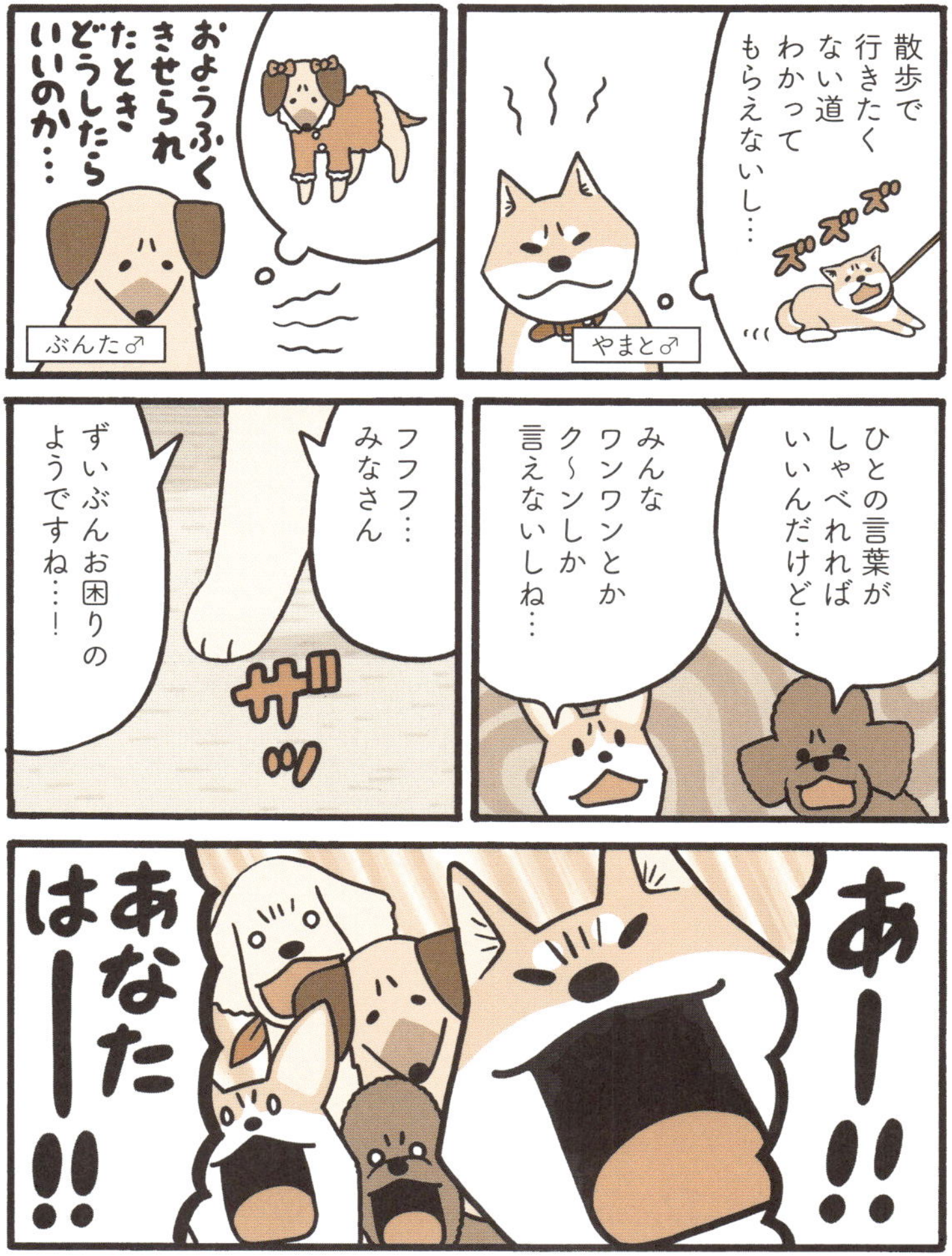
散歩で行きたくない道わかってもらえないし…
ズズズ
やまと♂
おようふくきせられたときどうしたらいいのか…
ぶんた♂
ひとの言葉がしゃべれればいいんだけど…
みんなワンワンとかク～ンしか言えないしね…
フフフ…みなさん
ずいぶんお困りのようですね…!
ザッ
あー!!
あなたはー!!

チャッピー・♂

コーギーの男の子。
明るいムードメーカー。

ぷーすけ・♂

トイ・プードルの男の子。
かわいい自分と飼い主LOVE。

チワワ先生ー!!
バーン
みなさんのお悩みにズバリお答えしましょう!!
あなたは思い切って1回くらいハンガーストライキしてみましょう!
えー!!
あなたは足をもっとピンと伸ばして断固拒否を!
おー!!
服には虫や汚れから体を守る役割が!ご主人の愛だと思って!
パァア
すごーい!チワワ先生ー!!
ホントなんでも知ってるんだー!!

ゴルゴ・♂

やさしく温厚なゴールデン・レトリーバーの男の子。

シャーロット・♀

ヨークシャー・テリアの女の子。強気で、美意識が高いお嬢様。

じゃあ病院をこわくなくすにはとか…
大好きなにおいを見つけたらとか…
おみずをうまくのむほうほうも…？
もっといろんなこと教えてくださいーー！
わかりました！
それでは順番に質問にお答えしましょう！
わー!!
ではまずはじめにあのふたりの仲直りの方法を…
はっ!!

ぶんた・♂

雑種の男の子。体は大きいがちょっぴり臆病。

ももこ・♀

フレンチ・ブルドッグの女の子。面倒見がよく女子力が高い。

CONTENTS

2 はじめに

4 マンガ おしえて！ チワワ先生

14 本書の使い方

1章 伝えるしぐさ

16 大好きな気持ちを伝えたい♡

17 Column こわいときもじっと見る!?

18 とにかくかまってほしいの♡

19 飼い主のあとをつけちゃう……

20 Column あなたと飼い主の関係診断

22 みんなぼくに注目して～！

23 もう勘弁してください……

2章 ワンコミュニケーション

38 お願いがあるときはどうするの？

39 飼い主が要求を聞いてくれません！

40 自己紹介しなきゃ！

41 Column 人のにおいをかいでみよう！

42 遊びに誘う作法ってあるの？

43 もっとなでなでして！

44 近所にはどんなイヌが暮らしているの？

45 Column 散歩＝トイレではない！

46 飼い主の服が気になる

47 緊張すると、首の後ろがムズムズする

48 苦手なイヌと険悪な雰囲気……

49 好きな子をとられそう！

50 友だちを怒らせちゃった……

51 Column 仲直りはできる？

24 あのイヌ、ちょっと気をつかうのよね
25 もっとおいしいもの、あるんでしょ？
26 なんだか甘えたいの♡
27 Column わたしはこうして飼い主をオトしました！
28 人間のケンカは見ていられない！
29 飼い主の目から味のする水が……!?
30 どうしていいのかわからないよ！
31 Column こうやって伝えよう
32 抱っこが苦手なんですが
33 人間の手がこわい……
34 無理やり目線を合わせてくる
35 もう歩くのヤダ！　抱っこして！
36 ひとやすみ 4コママンガ

52 きらわれないようにするには？
53 相手に抗議したいときは!?
54 吠えられた……なにかしちゃった？
55 不届き者がいるぞ！
56 ほかのイヌへの接し方がわかりません
57 Column はじめてのイヌ付き合い
58 顔をなめたくなるのはどうして？
59 「いやだ」って伝えるには？
60 気持ちがいいと声がもれちゃう
61 人の言葉を話せました！
62 しっぽの先を踏まれたかも!?
63 とっさに飼い主をかんじゃった！
64 赤ちゃんとはどう付き合えば？
65 Column イヌと赤ちゃんの関係
66 飼い主がしつこく呼んできます
67 最近、新入りが飼い主と親しげです
68 先輩には気をつかうべき？
69 さびしい気持ちをわかってほしいです
70 ひとやすみ 4コママンガ

3章 イヌの暮らし

72 飼い主が「オスワリ」を連呼している
73 Column しつけトレーニングに挑戦！
74 冬は寝床が寒くて……
75 飼い主が帰宅！ 正しいお出迎えは？
76 お散歩と聞くと平静でいられない！
77 通りたくない場所があります
78 散歩中、飼い主を引っぱってもいい？
79 なんで今日は散歩に行けないの？
80 いつ起きて、いつ寝ればいい？
81 Column 寝る子は育つ……？
82 夜はどこで寝ればいいの？
83 うちの飼い主、朝寝坊なんです
84 本当はシャンプーって苦手なの

4章 ナゾの行動

106 気持ちを落ち着けたいときは？
107 Column カーミングシグナルを知ろう
108 なにか聞こえるような？
109 大好きなにおいを見つけたの！
110 ブルブルしたら怒られた
111 はじめての場所ではどうすればいい？
112 暇すぎて足をハムハムしちゃう……
113 Column おすすめの暇つぶし
114 冷たいところないかな～？
115 なんでもかみたくなっちゃう！

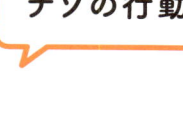

85 オシッコのとき、体を汚したくない
86 狭いところに押しこまれます
87 Column クレート暮らしのススメ
88 病院ってこわいところでしょ……？
89 ごはんの中に変なものが入ってた!?
90 飼い主に洋服を着せられます
91 飼い主が風邪をひいたみたいなの
92 人の食べ物っておいしそう♡
93 Column 危険な食べ物にご用心！
94 飼い主がひとりでしゃべりだした!?
95 きらいな遊びにも付き合うべき？
96 同じ動きをするヤツがいる
97 なんだか飼い主に似てきたような
98 なぞの音といっしょに誰か来た！
99 Column 外から遠吠えが聞こえる！
100 あの子、急に雰囲気が変わったわね
101 家に見慣れないものがある……
102 イヌ学テスト -前編-
104 ひとやすみ 4コママンガ

116 ここをつかまれるの、超不快！
117 Column こんなしつけはNG！
118 落ち着きたいときはフーと深呼吸
119 追いかけると逃げる、これはなに!?
120 眠くないのにあくびが出るのはなぜ？
121 おしりがムズムズする
122 なんだか草を食べたい！
123 Column かんたん体調チェック
124 耳に違和感があるんだけど
125 前足をたたむと、とても心配される
126 動いているものをつい追いかけちゃう
127 気づいたらおもらししてた!?
128 獲物は誰にも渡したくない！
129 飼い主のひざ、アゴ置きにしてもいい？
130 ぼく、あお向けで寝ちゃうんだけど
131 Column あなたの寝相、大丈夫？
132 排せつしながら歩いちゃう……
133 トイレのあとはにおいづけ♪
134 ひとやすみ 4コママンガ

5章 体のヒミツ

136 しっぽが勝手に動いちゃう！
137 Column しっぽは感情のバロメーター
138 近くのものがよく見えません
139 壁からごはんの音がする
140 ペロペロ……体をなめると落ち着く♪
141 暑い……
142 器用に水が飲めません
143 Column 水を飲みながら呼吸できるのはイヌだけだった！
144 黒い板にコマ送りの映像が！
145 外でものすごく大きな音がします
146 苦しくないのに、フゴフゴしちゃう
147 鼻が湿っている……!?

6章 イヌ雑学

166 ぼくたちの祖先って？
167 昔から日本で暮らしてたのかな？
168 誰かの役に立つ仕事がしたいです
169 Column イヌのお仕事遍歴
170 このヘアスタイル、オシャレなの？
171 ひとりで家へ帰れるかな……？
172 ご長寿でギネスブックに載りたい！
173 Column 長生きするためにできること
174 ボールを追うの、ワクワクする！
175 Column 犬種別 好きな遊びをチェック！
176 いきなり泳げと言われても……
177 いつもよりおやつがいっぱい！

148 ボールの違い？……わかりません
149 ぼくってきらわれているの……？
150 足の裏から水が！
151 体をかいてもらうと、足が動く
152 なんだかイライラする
153 毛並みの色が変わってきたみたい
154 どんどん毛が抜けるんだけど……
155 Column 換毛期があるイヌ、ないイヌ
156 お母さん、どこかな～？
157 いいにおい！ よだれが止まらない！
158 フードファイターに向いてるかも
159 Column 肥満度チェックをしよう
160 ネコ舌ってなんですか？
161 ごはんに飽きるってどういうこと？
162 辛いってどんな味？
163 飼い主、足が遅いな～
164 ひとやすみ 4コママンガ

178 ごはんの時間は決めるもの？
179 ネコよりもグルメってほんと？
180 仲間がたくさんいるんだよね！
181 Column 知ってた？ 犬種名の由来
182 飼い主が散歩をサボります！
183 ひとりでいるのは苦手……
184 お食事の作法、大丈夫かしら？
185 肉球がなんだか香ばしいにおい
186 イヌ学テスト -後編-
188 INDEX

本書の使い方

本書は、読者にやさしい一問一答スタイル。
みなさんの疑問に対して、わたし（チワワ先生）がお答えします。

飼い主さんへ

イヌのみなさんは気にしなくてけっこうです（飼い主さん、ここをこっそり読んでくださいね！）。

イヌの疑問

性格や習性など、日常でふと感じたさまざまな疑問を、ひとつずつとり上げます。

#（ハッシュタグ）

キーワードを記載しています。INDEX（188ページ〜）での検索に役立ててください。

チワワ先生の回答

みなさんの疑問に対して、ていねいに回答します。

さらに詳しく説明！

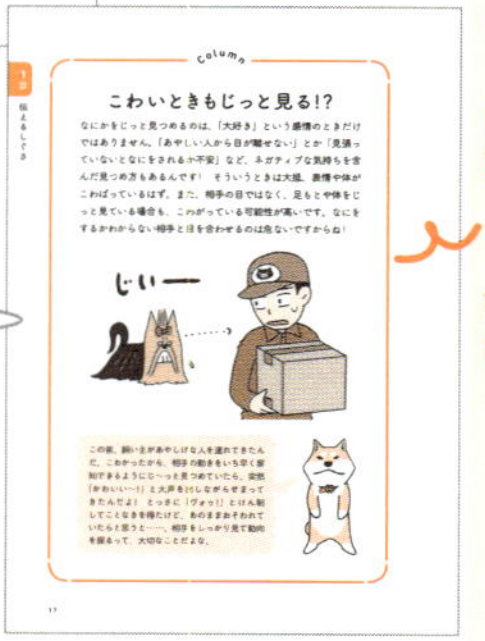

Column

みなさんの疑問に対する内容を、さらに深く掘り下げます。勉強熱心な方はご一読を。

振り返りテストもあります

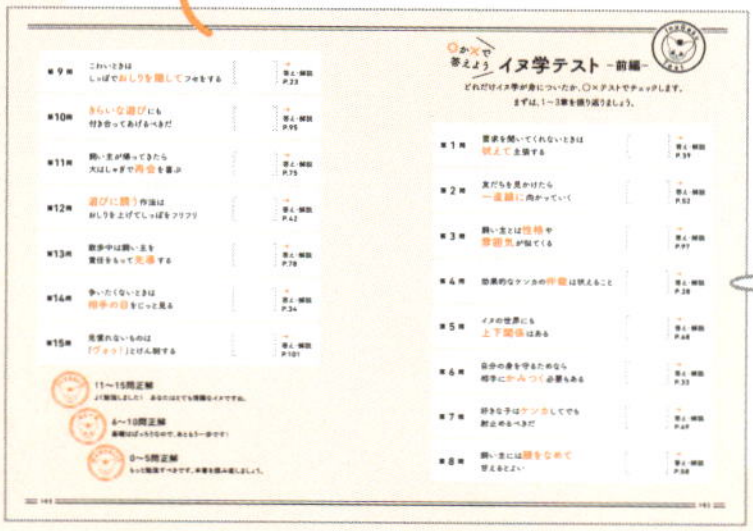

イヌ学テスト

前編では1〜3章、後編では4〜6章を振り返ります。満点目指してがんばりましょう！

1章 伝えるしぐさ

相手にきちんと気持ちを伝えるために
有効なしぐさを学びましょう。

大好きな気持ちを伝えたい♡

#行動　#見つめる

飼い主の目をじっと見つめましょう

わたしたちに人間の言葉はわかりませんが、言葉以外にも気持ちを伝える手段はたくさんあります。飼い主に「大好き!」という気持ちを伝えたいときは、飼い主の目をじっと見つめましょう。このとき、うれしそうに目をキラキラさせるともっと効果的。人間どうしもアイコンタクトでコミュニケーションをとり合うことはよくあるので、きっとあなたの気持ちに気づいてくれるはず。喜んだ飼い主が大好物のおやつまで用意してくれた、なんて報告もありますよ!

飼い主さんへ

イヌどうしではふつう、「目を合わせつづける」ということはありません。視線を交えるのはガンの飛ばし合い、つまりケンカだと誤解されてしまうからです。こんなふうにイヌと見つめ合えるということは、それだけ信頼関係が築けている証拠でもあります。

Column

こわいときもじっと見る!?

なにかをじっと見つめるのは、「大好き」という感情のときだけではありません。「あやしい人から目が離せない」とか「見張っていないとなにをされるか不安」など、ネガティブな気持ちを含んだ見つめ方もあるんです！　そういうときは大抵、表情や体がこわばっているはず。また、相手の目ではなく、足もとや体をじっと見ている場合も、こわがっている可能性が高いです。なにをするかわからない相手と目を合わせるのは危ないですからね！

この前、飼い主があやしげな人を連れてきたんだ。こわかったから、相手の動きをいち早く察知できるようにじ〜っと見つめていたら、突然「かわいい〜!」と大声を出しながらせまってきたんだよ！　とっさに「ヴォゥ!」とけん制してことなきを得たけど、あのままおそわれていたらと思うと……。相手をしっかり見て動向を探るって、大切なことだよな。

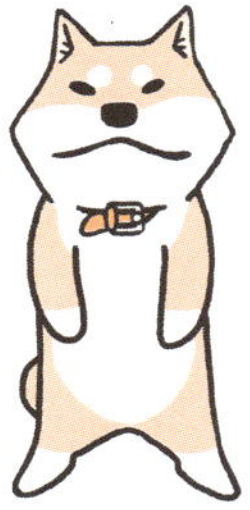

とにかくかまってほしいの♡

＃行動　＃前足をのせる

飼い主のひざの上に前足をのせてみて

なになに？　飼い主があなたのことをほったらかして洗濯物をたたんでいる？　それはよくないですね。かまってほしいとアピールするために、飼い主のひざに前足をのせてみましょう。「かまって♡」とかわいくおねだりするつもりで、愛らしい表情をつくってくださいね。おねだり上級者になると、おもちゃをくわえながら前足をのせたり、前足ではなく、アゴをひざにのせてアピールしたりする子もいるそうです。いずれも効果は絶大なんだとか……。

飼い主さんへ　過去の経験から「どうしたらかまってもらえるか」を学習すると、その行動をくり返すようになります。誘い方にはその子なりの個性が出るので注目してみてください。ただし、遊びたい気持ちが先走って興奮しているときは、落ち着くまで遊びはおあずけで。

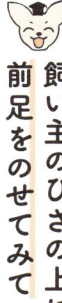

飼い主のあとをつけちゃう……

#行動　#あとをつける

飼い主の姿が見えないと不安なのですね

なるほど。あなたは今、飼い主のそばを離れられないほど不安なのですね。知らない人が家に来ている、苦手なものがそばにあるなど、いろいろな原因が考えられますが、まずは不安をとり除いてもらうことが先決。ストレスをためても、なにもいいことはありませんからね。飼い主のあとをついて歩けば、「どうしたの?」と気に留めてもらえるので、なにか伝えようとしていることはわかってもらえそうです。あとは、不安の原因にも気づいてもらえるといいのですが……。

飼い主さんへ　そばを離れられないほど不安なときは、落ち着ける場所に避難するのが一番。たとえばクレート（86ページ）の中など、わたしたちが安心して過ごせる場所を用意してください。室内であっても、自由に動きまわれることで不安になってしまうイヌもいます。

Column

あなたと飼い主の関係診断

あなたと飼い主がお互いのことをどう思っているのか、
10の質問から診断します。毎日の生活やふだんの飼い主のようすを
思い出し、当てはまる項目を✔しましょう。

チェック 1

いつもの自分は…

- □ 散歩中は飼い主の隣を歩く
- □ 飼い主の指示はきちんと聞ける
- □ 抱っこされるのが大好き
- □ 飼い主のそばにいると安心する
- □ 飼い主とアイコンタクトがとれる

チェック 2

あなたの飼い主は…

- □ 吠えるとすぐに来てくれる
- □ 毎日欠かさず散歩へ連れて行ってくれる
- □ 的確に指示を出してくれる
- □ あなたの好物や好きな遊びを知っている
- □ あなたのことを一番に優先してくれる

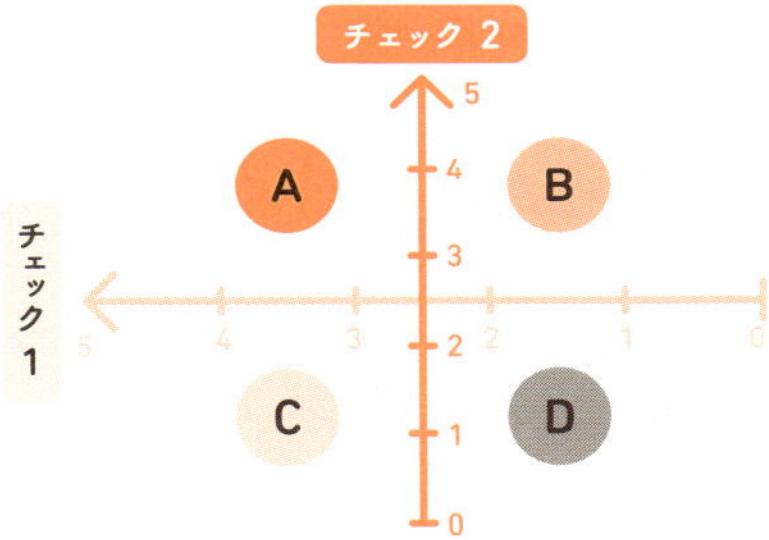

チェック1、チェック2の項目で当てはまった✔の数で飼い主との関係を診断します!

チェック 1 　個

チェック 2 　個

タイプ別アドバイス

A 相思相愛

あなたたちはまさに相思相愛! あなたは飼い主に対して全幅の信頼をよせているのですね。飼い主も、そんなあなたのことを最優先に考えてくれています。ですが、ちょっと教育熱心なところがあるようなので、トレーニングのしすぎでストレスがたまらないよう注意しましょう。

B 飼い主の愛が大きめ

あなたは飼い主のことを、家族として信頼しているようですが、飼い主があなたを思う気持ちはさらに大きいみたい。もしかすると飼い主は、ちょっぴりつれないあなたの態度にせつなさを感じているかも。黙ってそばによりそってあげるだけでも、飼い主は喜んでくれますよ。

C あなたの愛が大きめ

あなたは飼い主のことを愛してやまないようですが、あなたの飼い主はちょっぴり放任主義なのかもしれませんね。飼い主を振り向かせることができるよう、あの手この手で誘ってみましょう。トレーニングを上手にこなせるところを見せて、見直してもらうのもいいかもしれません。

D お互い無関心

現段階のあなたと飼い主は、顔なじみのお隣さんのような関係。お互いのことをまだよく理解できていないのかもしれませんね。ですが、いっしょに生活する以上、飼い主とのコミュニケーションは不可欠です。遊びの時間を増やしてみるなど、相手のことを知る努力をしてみましょう。

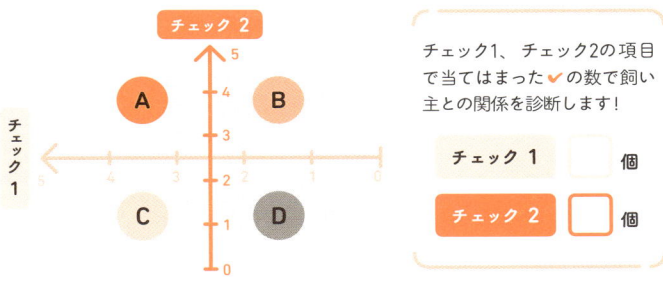

みんなぼくに注目して〜！

#行動　#ジャンプ　#二足歩行

サークル内でジャンプはいかがですか？

飼い主に注目してもらう方法はいろいろありますが、「サークル内でジャンプしていたら近づいてきてくれた」という声が多いです。ほかには、「後ろ足だけで立ち上がってみせたら『すごいね〜！』と、飼い主が大騒ぎした」なんてケースも。ふだん四足歩行をしているわたしたちが、立ち上がったりジャンプしたりすると、飼い主はびっくりして目が離せなくなってしまうようです。アピールの仕方によっては、サークルから出してもらえるかもしれませんよ！

飼い主さんへ　一見、なにかを見たくて立ち上がっているようにも見えますが、どちらかというと「見てほしい」というアピールです。これで注目してもらえることがわかると、同じ行動をくり返すようになるので、ジャンプしていないときにかまうようにしましょう。

もう勘弁してください……

#行動　#おしりを隠す

しっぽでおしりを隠して、フセの姿勢をとりましょう

飼い主に怒られたときや、苦手なイヌに近づかれたときなど、「これ以上はやめて！」という意思表示に効果的なのが、おしりを隠すことです。詳しくは後述しますが（40ページ）、おしりはあなたの個人情報がつまった、いわば最大の弱点です。しっかりとしっぽでガードして、かぎにきてほしくないことを伝えましょう。人間の世界には〝頭隠して尻隠さず〟ということわざもあるようですが、わたしたちの場合、まず真っ先におしりを隠すべきなのです。

飼い主さんへ　わたしたちがこのようにおしりを隠すのは、相当な恐怖を感じたとき。このような姿勢をとらせないように、遊びやしつけは楽しく行ってください（73ページ）。また、ほかのイヌに対してこの姿勢をとっているときは、すぐに仲裁をお願いします。

あのイヌ、ちょっと気をつかうのよね

#行動　#愛想笑い

愛想笑いでやり過ごしましょう

苦手とまではいかないにしても、ちょっと気をつかう相手っていますよね。深くかかわるとケンカになるリスクもあるので、そういうイヌを相手にするときは、愛想笑いでやり過ごすのが一番。具体的には、口角を少し上げてエヘッと笑っておくのです。相手を不快にさせない、わたしたちなりの心づかいですね。

反対に、仲よしだと思っていた相手がこんな表情をしているときは要注意。気づかぬうちに気をつかわせているのかもしれません……。

飼い主さんへ　わたしたちイヌのうれしい感情は、主にしっぽの動きにあらわれるものです（137ページ）。つまり、笑っているようでもしっぽが動いていないときは、愛想笑いの可能性大！　自分からはちょっと伝えにくいことなので、察してもらえるとうれしいです。

もっとおいしいもの、あるんでしょ？

#行動　#ごはんを食べない　#ハンスト

思いきって食事をハンスト！ 1食くらい抜いたって平気です

ふーむ、飼い主がおいしいごはんを出しおしんでいるんですね。前にもらったあのササミつきの食事が忘れられない、と……。そういうときは思いきって、ハンガーストライキしてみてはどうでしょう？ いつものごはんが出されても手をつけず、「おいしいものが出てくるまで食べません」という態度を見せるのです。あとは飼い主との我慢くらべですが、1回や2回、ごはんを食べなくたって平気です。これでごちそうにありつけるなら、安いものでしょう？

飼い主さんへ　ハンストのほかにも、「いつもフードを出しっぱなしにしている」ことも、食いつきが悪くなる原因なんですよ。フードが残っていても、時間を決めてお皿を下げるようにすると、「出されたときに食べる」という習慣が身につきます。

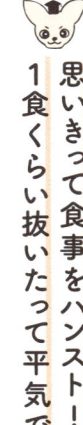

なんだか甘えたいの♡

#行動　#体をくっつける

体の一部をちょっとだけくっつけてアピール！

突然甘えん坊スイッチが入ること、ありますよね。「もうおとななのに……」と、恥ずかしがる必要はありません。むしろ、飼い主に甘えると喜ばれるケースがほとんどですから。そんなときは、飼い主の体におしりをくっつけたり、足もとにすりよったりして、かまってほしいことをアピールしましょう。かわいいわたしたちの健気《けなげ》な姿に、飼い主もメロメロになってしまうはず！　うまくいけば、いつもよりたくさんなでてもらえるかもしれません。

飼い主さんへ

ときどき、飼い主におしりを向けて座っているのを「もしかして顔も見たくないの!?」と、勘違いしてしまう人もいます。ですが、これはむしろ逆で、おしりを向けていられるほどあなたに気を許している証拠なんですよ！

Column

\ 独占インタビュー /

わたしはこうして飼い主をオトしました！

ぼくは飼い主に甘えたいときは「なでなでして〜♡」ってアピールするようにしているよ。飼い主がソファでのんびりしているときは、すかさず手の下に体をねじこんでなでなでの催促！　こうすればもう、なでなでするしかなくなるでしょ？　飼い主をオトすには、積極性が大切だと思うよ。

トイプーの
ぶーすけさん

コーギーの
チャッピーさん

ぼくの飼い主は本を読むのが好きみたいなんだけど、読書中はかまってもらえなくてつまらないんだ〜。だけどある日、気づいちゃったんだよね。飼い主が読書をしていたら、視界をさえぎっちゃえばいいって！　ちょっと強引に飼い主の腕の中に入りこんだら、本を閉じてぼくと遊んでくれたよ。作戦大成功！

人間のケンカは見ていられない！

#行動　#ケンカの仲裁

間を横切って仲裁してあげましょう

あらら？　飼い主たちが怒鳴り合っていますよ。ピリピリした空気がこちらにまで伝わってきますね。ああ、いやだ。この緊張感に耐えられないというときは、ふたりの間を横切ってみましょう！　無邪気な顔をして、飛びついてみてもいいかもしれません。ほら、緊張がやわらいだ。これは人間だけでなく、イヌどうしのケンカにも有効ですよ。それにしても、人間ってケンカ好きですね。わたしたちは一度決着がつけば終わりですが、なにをそう何度も争うことがあるのか……。

飼い主さんへ　ケンカ中の人の間を横切るのは、平和主義のイヌならではの仲裁法。緊張した空気がやわらぐよう、わたしたちなりに工夫しているのです。ピリピリとした空気にはとても敏感なので、冷戦中のふたりの間を横切ることもあるかもしれません！

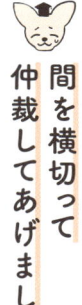

飼い主の目から味のする水が……!?

#行動　#涙をなめる

それは涙です。なめてあげると飼い主は笑顔になりますよ

飼い主の顔から流れる水をなめたら、なでてもらえた？　いいことに気がつきましたね。人間は不思議なもので、元気がないときに目から水が流れることがあり、これを「涙」とよぶんです。イヌならば、気になるものをとりあえずなめて確認しますよね。本能に従ってなめると、飼い主はたちまち笑顔になり、なでてくれたり、ハグしてくれたり……。そう、涙をなめればほめてもらえるんです！　しょっぱいこともありますが、そこは我慢して積極的になめてあげましょう。

飼い主さんへ　イヌの世界に「なぐさめる」という行動はありませんが、落ちこんでいる飼い主の姿を見て「いつもと違う」と感じとることはできます。「悲しいとき、愛犬がなぐさめてくれた」というのも、あながち間違いではないんですよ。

どうしていいのかわからないよ！

＃行動　＃目じりを下げる

目じりを下げて困った表情をつくりましょう

眉間《みけん》にしわをよせて、目じりを思いっきり下げているあなた、だいぶお困りのようですね。え？　飼い主の指示がわからなくて、このあとどうしたらいいかって？　大丈夫。その顔のまま飼い主を見つめてください。困っていることがちゃんと伝わります。無理難題を言われたときは、「勘弁してくださいよ〜」という感じで目をパチパチさせるといいですよ。おや、あなたの顔を見て、飼い主も「どうしたものか」と困っていますね。表情がそっくり！

飼い主さんへ　イヌに正しい行動を教えたいときは、間違ったことをしたときに叱るのではなく、正解となる行動ができたときにたくさんほめてください。「正しい行動をしたときによいことが起きる」と学習すると、次からは指示しなくても行動できるようになりますよ。

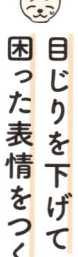

Column

こうやって伝えよう

言葉が通じない飼い主に、わたしたちの主張を効果的に伝える方法をお教えします。日常生活でいかしてくださいね。

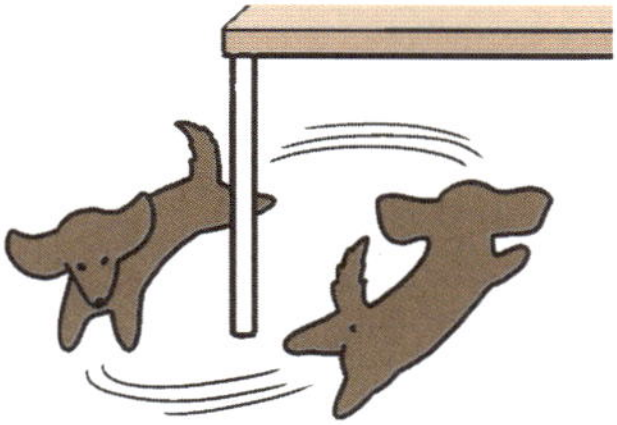

Case1

もっと運動したい！

運動不足でストレスがたまっていることをアピールします。テーブルのまわりをグルグル走りまわったり、家具をかじってみるのもよいでしょう。ちょっと困らせるくらいのほうが効果があります。

Case2

ごはんが食べにくい

一度お皿の中身をひっくり返してしまいましょう。はじめは怒られるかもしれませんが、こうした食べ方をしつこくくり返すうちに、お皿に不満があることが飼い主にも伝わるはずです。

Case3

体調が悪いかも……

体に異変があるときは、できるだけ安静にしているのが一番。必要以上に動かず、落ち着ける場所で体を休めましょう。手足をケガしたときは、痛めたところに負担をかけないように歩いてみて。

抱っこが苦手なんですが

#行動　#うなる

「ウーッ」とうなってはっきり「いや」と意思表示を

イヌだって、抱っこが好きな子もいれば苦手な子もいます。身動きがとれない状態って、動物として危機感を覚えるし、窮屈ですからね。そういえば、以前にトイ・プードルのハナさんが、「飼い主の抱き方が不安定でこわい」と言っていました。でも、ごほうびをもらえるなら抱っこも我慢するんだとか。柴犬のソラさんは、苦手な人に抱っこされたときだけ抗議するようにしているそうです。そうすれば、なぜ抱っこがいやなのか飼い主に伝わりやすいですね。

飼い主さんへ　本音を正直に言うと、「抱っこにも対価を」といったところでしょうか。抱っこをしたままおやつをあげるなどして、「抱っこされるといいことがある」ということを根気強く教えてください。そのうちに「抱っこ＝いいもの」と都合よく学習していきますから。

人間の手がこわい……

#行動　#かむ

自分の身を守るためにガブッとやらねばならないことも

確かに、体を押さえつけられたり、無理やり捕《つか》まえられたりと、いやなことをされるのはいつも人間の〝手〟ですもんね。手がトラウマになるのもわかります。たとえ大好きな飼い主の手とはいえ、抵抗するためにガブッとかまなければならないときもあるでしょう。自分の身を守るためですから……。

ですがよく見てください。大好きなおやつをくれるのも同じ手ではありませんか？　そんなふうに前向きに考えて、少しずつ慣れていきましょう。

飼い主さんへ 愛犬が手をこわがっているときは、まずは手からフードを与えてみましょう。はじめから手で与えるのが難しければ、手を使ってフードをお皿に置くところを見せてみて。「手＝よいことが起こるもの」と、地道にイメージを変えていくのです。

無理やり目線を合わせてくる

#行動　#目をそらす

争いたくないから目をそらしているのにね……

イヌの世界では、目を合わせるのはケンカのゴングを鳴らすようなもの。いらぬケンカは買わないように、目をそらすのがマナーですよね。でも、人間はやたらと目を合わせたがるものなのです。わたしは人との生活が長いので、飼い主とは目を合わせられるようになりました。だけど、怒られたときにとっさに目をそらすのは争いたくないという本能なので、直せるものではないんですよね〜。無理やり顔を向かされても、とことん目をそらし「not fight」精神を訴えましょう。

飼い主さんへ　わたしたちイヌは「目を合わせる＝ケンカ」という常識で生きていますので、目を見ながら叱るのは効果的ではありません。そもそも、間違ったことをしたときは叱るのではなく、正しい行動を教えてもらえたほうが、次にいかせると思います！

もう歩くのヤダ！ 抱っこして！

#行動 #立ち止まる

立ち止まっておねだりしましょう

「散々歩く」を略して「散歩」なのに（↑違います）抱っこをねだるとは、甘えん坊さんですね〜。ダイレクトに「歩きたくない」という気持ちを伝えるには、ピタッと立ち止まるのが一番効果的です。わたしなんかは、こわいときや帰りたくないときにやることもありますよ。でも気をつけてください。飼い主はおやつでつってきたりします。何度か食べるうちに気づいたら家の中……って、ビックリでしょ！ 抱っこが目的なら、がんとして動いてはいけませんよ。

飼い主さんへ 毎回抱っこしてもらっていると、だんだん歩くのがいやになってくるんですよね。目線が高くなると安心できるし、こわいものから守ってもらえるし。だけど、散歩中にさまざまな感覚を刺激されることは、とても大切。かわいい子にこそ旅（散歩）を！

ゆずる せいしん

バッタリ
自己しょうかいをしなくては…
自己しょうかいはあいてのおしりのにおいをかいで…
おしりっおしりっ
おしりっおしりっ
おいつかない

いつも ゆうしょう

あまえたいあまえたい
なんかなにかにあまえたい…
甘えたいときは、体の一部をなにかにくっつけるのです！
それだ！
ふくろ
のりのかん
やっぱりご主人がいちばーん！

2章 ワンコミュニケーション

飼い主やお友だちとの
コミュニケーションのポイントをチェック！

お願いがあるときはどうするの？

#鳴き声　#キュンキュン

「キュンキュン♡」とかわいくおねだりしましょう

飼い主に甘えたいときやお願いしたいことがあるときは、少し弱々しく、鼻にかかったような高い声で鳴くといいですよ。ほら、「キュンキュン」という子イヌのころよくやった鳴き方です。子イヌが鳴いていたら、「なんとかしてあげなくちゃ」という気持ちになりますよね。人間も同じです。子イヌのかわいさは最強ですから、こんなふうに甘えれば「どちたの〜？」とあれこれ手を焼いてくれることでしょう。上目づかいで飼い主を見上げるとさらに効果的ですよ！

飼い主さんへ　この作戦が成功すると、わたしたちはこのうえない喜びを感じます。そうして、同じ行動をくり返すようになるのです。「昨日は成功したのに、今日は失敗」というのが一番混乱するので、飼い主はどうか一貫した行動をとってくださいね。

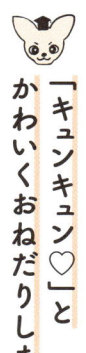

飼い主が要求を聞いてくれません！

#鳴き声　#ワンワン

大きな声で しつこく吠えてみましょう

「キュンキュン」では伝わらない。なるほど。では、もう少しストレートにお願いしてみましょう。飼い主に向かって「ワンワンワン」と連続で吠えてください。これならにぶい飼い主でも「言いたいことがあるんだな」と気づくはず。すかさずフード皿やリードを差し出せば、より要求がわかりやすいですね。それでもなにもしてくれないなら、飼い主からのNGサインが出ています。粘れば叶うこともありますが、思いっきり無視をされているときは引き際だと心得ましょう。

飼い主さんへ ときどき「吠えてもダメよ～」と返されることがありますが、わたしたちにその言葉の意味はわかりません。むしろ「反応してもらえた！」とぬか喜びしてしまうのです。ダメなときはいっそのこと、完全に無視してもらったほうがあきらめがつきます。

自己紹介しなきゃ！

#行動　#おしりのにおいをかぐ

おしりのにおいをかぎ合って……はい！〝名刺交換〟完了～

え？　お散歩中に知らないイヌのにおいに遭遇？　新入りさんでしょうか。そんなときはわれらの社交術、〝おしりのにおいかぎ〟であいさつしましょう。肛門腺から出るにおいをかげば、性別や年齢、発情中かどうかまで、相手のことが丸わかりです。まずは先輩のあなたから、堂々とおしりをかぎに行って。ちゃんとかがせてくれたら相手も友好的な証拠です。お返しにあなたのおしりもかがせてあげて。さあ、これでふたりはお知り合い！　あ、ダジャレじゃないですよ。

飼い主さんへ　この名刺交換は、わたしたちイヌが自発的に行うコミュニケーションです。このときばかりは、飼い主の介入は不要。無理やりおしりのにおいをかがせたり、抱っこしたままほかのイヌに近づけたりするなど、飼い主が主導するのはやめてくださいね。

Column

人のにおいをかいでみよう！

においをかいで相手のことを知ろうとするのは、なにもイヌどうしに限ったことではありません。わたしたちイヌの鼻なら、飼い主やほかの人間のことも、においをかげば敵意がないかなどを判断できるのです。「この人、前にも会ったことあるような気がする……？」というときは、足のにおいをクンクンかぐのがおすすめ。においが強めで、位置的にもかぎやすいですよ。

そうはいっても、ものごとには節度ってもんがあるみたいだぜ。オレはこの前、初対面の人間の足をクンクンかいでいたら、飼い主に「失礼でしょ！」って怒られたんだ。相手に敵意がないかどうかを判断してただけなのに、まったくやんなっちゃうよ。人間の礼儀作法ってのはどうも理解できないぜ。

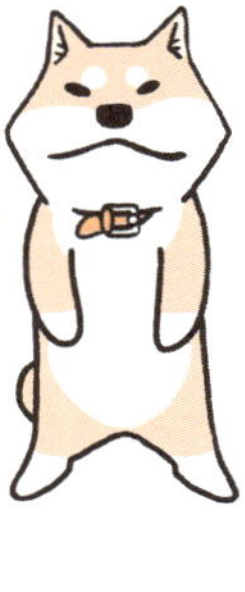

遊びに誘う作法ってあるの？

#行動　#プレイングバウ　#しっぽを振る

おしりを高く上げてしっぽをフリフリしましょう

遊びたい気持ちが高まるとつい飛びつきたくなりますが、急にそんなことをしたら相手のイヌは「ケンカ上等！」とばかりに応戦してくるかもしれません。遊びとケンカは紙一重ですからね。誤解を生まないために、まずは〝遊ぼうぜサイン〟を出しましょう。おしりを高く上げて軽快にしっぽを振り、遊び心をくすぐるのです。え？　遊びに誘いたいのは飼い主？　まあ、人間にも同じサインで通じると思いますが、イヌのほうから誘わなければならないなんて……。

飼い主さんへ　人間たちの間では「プレイングバウ」とよばれているしぐさです。飼い主に対してすることもありますが、遊びのタイミングは飼い主が決めたほうが、よい関係が築けます。欲を言えば、こちらから誘う暇がないくらい遊んでほしいのですが……。

もっとなでなでして！

#行動　#ヘソ天

〝ヘソ天〟でおねだりしましょう

あお向けに寝転んでおなかを見せるこのポーズ、人間たちは〝ヘソ天〟とよんでいるようです。弱点であるおなかを思いっきりさらすことになるので、よほど信頼できる相手にしか見せられないポーズですが、効果は絶大！「かわいい〜♡」と、猫なで声でなでなでしてくれるはずです。おねだりのほかにも、いたずらがバレたときにこのポーズでごまかしてピンチを切り抜けた、なんていうツワモノも！　いろいろなシーンで使える万能なポーズですね。

飼い主さんへ　飼い主が毎回アピールに応えてくれると、わたしたちはとても幸せな気持ちになります。ですが、おなかは本来とてもデリケートな場所。ようすを見ながらやさしくなでてくださいね。そうすれば、こちらも安心して身を任せることができます。

近所にはどんなイヌが暮らしているの？

#行動　#マーキング

町のあちこちにある〝置き名刺〟でご確認ください

今度は新入りさんのお悩みですね。ご近所のイヌの情報が知りたいなら、お散歩のときににおいをかぎまわってみてください。電柱や壁、木などにご近所さんがオシッコを……もとい、〝名刺〟を残してくれています。このにおいからも「おしりのにおいかぎ」（40ページ）と同じ情報が読みとれますよ。飼い主たちは、この置き名刺のことを「マーキング」とよんでいます。確かに、「わたし、ここへ来ましたよ」というマークでもあるので、なかなか的確なネーミングですね。

飼い主さんへ　いつも同じ場所にオシッコをしていると、「なわばりを主張してる？」と思われることもあるようですが、わたしたちはあくまで「ここ、使ってます」とお知らせしているだけ。飼い主が思うような「なわばりアピール」とは少し違うかもしれません。

Column

散歩＝トイレではない！

散歩中に大空の下でオシッコ、気持ちいいですよね。外で排せつすれば室内トイレも汚れないし……。ですがこの習慣には思わぬ落とし穴があるのです。いつの間にか、「散歩＝トイレ」という思考におちいっていませんか？　散歩中の排せつを習慣にしていると、だんだん室内のトイレで排せつするのがいやになってしまうのです。これは大問題。雨で散歩に行けない日はもちろん、病気や加齢で外出できないときに困ったことになりますよ。

わたしは飼い主の言いつけで、散歩へ出かける前におうちの中のトイレに行っているわ。そうしないと、連れて行ってもらえないの。最初のうちはどうしてそんなことをさせるんだろうと疑問に思っていたけど、飼い主なりにわたしのことを考えてくれていたのね。

飼い主の服が気になる

#行動　#洋服のすそをかむ

かんで引っぱってみれば そのまま遊んでもらえるかも

服のすそのヒラヒラって、気になりますよね。思わずかみつきたくなったり、追いかけたくなったりするのもわかります。そんなときはもう、本能のままに勝手に遊んでみてOKです。くわえてブンブン振ると、顔にまとわりついてそれはもう楽しいですよ！ 飼い主も「やめてよ」なんて言いながらも、引っぱりっこに参戦してくれるかもしれません。それにしても、かむのって本能が刺激されて楽しいですよね。クセになっちゃいそうです。

飼い主さんへ 気になったものをかみたくなるのは、わたしたちの本能。ある程度は大目に見てほしいのですが、どうしてもやめさせたいときは、イヌ用の苦味スプレーを使ってもいいかも。あのスプレーの苦さといったら……。同じ場所は二度とかみたくなくなりますから。

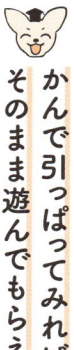

緊張すると、首の後ろがムズムズする

#体　#毛が逆立つ　#興奮

興奮すると勝手に毛が逆立ってしまいます

わかります。興奮したり緊張したりすると、勝手に首の後ろやおしりの毛が逆立ってしまうんですよね。わたしも臆病なので、見慣れないものを見たときなどはすぐ逆立ちます。ほかのイヌと初対面のときも、緊張しているのが相手にバレバレで恥ずかしいですよね。でもコントロールできないので仕方ないです。毛の逆立ちが目立たない長毛種がうらやましいですね。ちなみに、こわいときだけじゃなく、遊んでいるときなども背中の毛が逆立っているの、気づいていました？

飼い主さんへ　初対面のイヌの前で毛を逆立てているときは、興味よりも恐怖が上まわっている状態。飼い主の手助けによって仲よくなれることもありますが、いやだと言わんばかりに踏んばっているときは（77ページ）、無理やり近づけようとするのはやめてくださいね。

苦手なイヌと険悪な雰囲気……

#体　#耳を下げる

いやな気持ちが顔に出ちゃうのは愛嬌《あいきょう》です

イヌどうしにも相性がありますから、合わないイヌもいますよね。でもケンカをしてもいいことなんてありません。ここは相手を立て、しおらしくしておきましょう。ほら、耳を下げて「争う気はないですよ～」とアピールし、上目づかいでごきげんをうかがって。いやな気持ちが顔に出ちゃっていますけど、そこは大目に見てもらいましょう。本当はすぐその場を離れられるといいのですが……。リードでつながれているから動けないんですね。飼い主さん、察してあげて。

飼い主さんへ　イヌどうしが険悪になってしまう状況の多くは、リードにつながれているときや、ドッグランの柵の中など、自らの意思で逃げられない状況にあるときです。どちらかのイヌが耳を下げている場合は、すみやかにその場を離れるようにしてください。

好きな子をとられそう！

#行動　#ケンカ

男ならあきらめるな！ケンカしてでも射止めましょう

できればケンカなんてしたくない、そんなわたしたちでも、戦わなければならないときがあります。それは、女の子と食べ物が絡《から》んだとき。だってどちらも生きていくため（子孫を残すため）には必要でしょ。これは生きるための戦い。引くわけにはいきません！

さあ、体が大きく見えるよう背中やしっぽの毛を立て強さをアピールしましょう。鋭い歯を見せて迫力満点に。ほら、飼い主も大きな声で応援して……ませんね。無言で距離をとらされたので、決着は次の機会に。

飼い主さんへ 公園やドッグランなど、イヌがたくさんいる場所へ出かけるときは、愛犬から目を離さないよう注意してください。発情中は気が立ってケンカになりやすいので避けたほうがよいでしょう。こうしたケンカは、去勢や避妊によって落ち着く場合もありますよ。

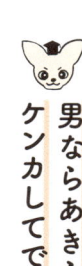

友だちを怒らせちゃった……

＃対イヌ　＃怒られた

今度会ったときはきっと仲よくできますよ

なになに、お友だちを怒らせてしまった？　相手に飛びついたら、凶悪顔で「ガウッ」とやられたのですね。大丈夫、心配しないでください。お友だちが怒ったのは、あなたが急に飛びついたからです。一度怒られたことで適度な距離感がわかったでしょうから、次に会ったときにはもっと上手にコミュニケーションをとれると思いますよ。お友だちも、あなたが思っているほど気にしてはいないはず。今度会ったら礼儀正しくあいさつしてみましょう！

飼い主さんへ
イヌどうしが、とっくみ合いの大ゲンカになってしまう前の段階でしたら、関係の修復は可能です（左ページ）。ただし、「仲直り＝いっしょに遊ぶ」ことだと思いこむのはNG。「隣にいても大丈夫」くらいの関係だとしても、十分仲直りできたといえるでしょう。

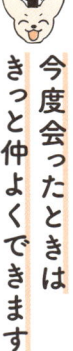

Column

仲直りはできる?

何度もお話ししてきましたが、わたしたちイヌは根っからの平和主義。ケンカはなるべく避けたいのが本音です。だけど、まれにどうしてもケンカをしなければならない状況におちいることも。49ページで解説した、食べ物と女の子が絡んだときですね。こうした状況でのイヌのケンカはとっても激しく、乱闘といっても過言ではありません。一度そうなってしまうと、関係を修復するのは難しい場合が多いです。派手にやり合った相手とは今後、顔を合わせないほうが身のためだといえるでしょう。

ぼくって生粋の平和主義なのに、突然知らないイヌからケンカを売られることがあるんだ。全然あやしい見た目とかじゃないのにね。そういうときはフセをして、「争う気はないよ」ってアピールしているよ。相手がこれで引いてくれればいいけど、とっくみ合いになっちゃったらいやだなぁ……。

きらわれないようにするには？

#対イヌ　#空気を読む

空気が読めないイヌはきらわれます

わたしたちイヌの社会には、マナー違反とされる行動がいくつか存在します。たとえば、イヌに対して一直線に向かっていったり、ごはんやおもちゃを横どりしてしまったり。もちろん、いきなり相手に飛びつくのもよくありませんね。こうした行動をくり返していると、「空気が読めないイヌ」だと思われて、きらわれてしまうかもしれません。外出先でお友だちを見つけたときは、カーブを描くようにゆっくりと近づき、相手をびっくりさせないようにしましょう。

飼い主さんへ　リードでつながれたイヌには逃げ場がないので、ほかのイヌが近づいてくることがストレスになる場合があります。イヌどうしのコミュニケーションの際にはとくに注意しましょう。また、ほかのイヌに近づくときは、相手の飼い主に声をかけるのがマナーです。

相手に抗議したいときは⁉

#行動　#歯をむく

歯をむき出して いかつい顔をしましょう

苦手なグルーミングに必死に耐えているとき、思わず歯をむき出しにしたら、飼い主の手が止まったという経験はありませんか？　こうすると、「かまれるんじゃないか⁉」とおののく人が多いらしく、効果てきめんです。わたしはこうした経験から、相手に抗議したいときにはこの顔でビビらせればよいのだと学習しました。なんなら眉根《まゆね》を寄せて、さらに目も細めて、思いっきり不満そうな顔をしてみてもいいかもしれません。ぜひお試しあれ！

飼い主さんへ　いかにもいかつく、迫力満点なこの顔ですが、相手を威嚇《いかく》しているわけではありません。ちょっと強めに「やめてね」とアピールしているだけで、相手に攻撃しようなんて気持ちはさらさらないのです。ケンカっぱやいなんて、誤解しないでくださいね！

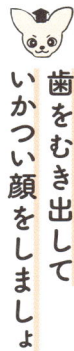

吠えられた……なにかしちゃった？

#対イヌ　#吠えられた

目を合わせていませんか？ ガンを飛ばしたと思われたのかも

お散歩中にすれ違ったイヌに吠えられてしまったんですね……。それはもしかしたら、ケンカを売ってきたと勘違いされたのかもしれません。たとえご近所さんでも、いきなり目を合わせるのはご法度。なるべく相手のほうを見ずにすれ違うのがマナーです。

ですが吠えられたときに、カッとなって吠え返さなかったのは立派ですよ。ここで吠え返してしまうと、ケンカに発展することもありますからね。平和を愛するイヌならば、ここは無視でやり過ごしましょう。

飼い主さんへ　散歩中にほかのイヌとすれ違うときは、飼い主に意識を向けさせることが大切です。たとえば、イヌを見かけたらおやつタイムにするのはどうでしょう？　ほかのイヌへの意識もそらせるうえに、うれしさも倍増！　まさに一石二鳥です！

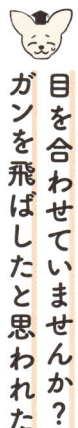

不届き者がいるぞ!

#鳴き声　#ワンワンワンワンワン!

イメチェンした飼い主ではないですか?

ちょっと、ちょっと、落ち着いてください! 一生懸命吠えていますけど、その方、不審者ではないですよ。ヘアサロン帰りの飼い主です。シルエットもにおいも違ってわからなかった? まあ、そんなこともあるでしょう。でも、いい吠えっぷりでしたね。家を守るのは古くからのイヌの使命。あやしいものには、低い声で「ワンワンワンワン!」と警戒しなければ。……というのは建前で、本当は単純にこわいから吠えているんですよね。それでいいんですよ。

飼い主さんへ 低い声で連続して吠えるのは「こわいから近づかないで」というアピール。本来であれば吠える前に、飼い主の後ろへ隠れたり、耳やしっぽが下がったりなどのこわがるそぶりが見られるはずです。まあ、今回は吠える対象自体が飼い主でしたが……。

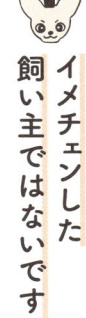

ほかのイヌへの接し方がわかりません

＃対イヌ　＃接し方

まずは1匹、気の許せる友だちをつくって

通常、わたしたちは親やきょうだいたちと遊びながらコミュニケーションの方法を学んでいくもの。ところが現代社会では、あなたのようにほかのイヌと遊んだことがないというイヌが増えているのです。はじめは緊張するかもしれませんが、焦らなくても大丈夫。まずは1匹、気の許せる友だちをつくりましょう。ご近所さんだと、散歩中に顔を合わせる機会もあるでしょうから、なおよいかもしれません。ご近所付き合いには〝置き名刺〟（44ページ）も有効ですよ。

飼い主さんへ

イヌの社会化には、ほかのイヌとの関わりが大切です。子イヌをお迎えした際は、生後3〜6か月ごろまでに同月齢の子とかかわる機会をつくるようにしましょう。成犬の場合、一般的には年齢が3〜5歳以上離れているとケンカになりにくいといわれています。

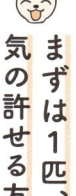

Column

\ 年齢別! /

はじめてのイヌ付き合い

これからイヌ付き合いをはじめたいと思っているみなさんのために、年齢別のポイントを解説します。

生後3～6か月

こわいもの知らずなこの時期は、ほかのイヌとかかわり、社会性を身につけるのに適しています。子イヌの学習の場であるパピーパーティーに参加するのもおすすめです。

1～6歳

一度に多数のイヌとかかわるのではなく、1匹友だちをつくることからはじめましょう。いっしょに散歩をする仲間ができると、コミュニケーションの幅が広がりますよ。

7歳～

性格が落ち着いてくるので、ほかのイヌを比較的スムーズに受け入れられるようになります。若いイヌとかかわるようにすれば、心の張り合いにもなるでしょう。

顔をなめたくなるのはどうして？

＃対人間　＃顔をなめる

子イヌのころにエサをねだって甘えていたときの名残です

わたしも子イヌのころは、母親の口もとをペロペロなめて「ごはんちょうだい～」と甘えてみたものです。飼いイヌのあなたにとって、飼い主は母親みたいなものですから、子イヌモードのときは遠慮なく甘えてしまいましょう！　口もとをなめるというのは、もともとは母イヌにエサの吐き戻しをねだるときのしぐさの名残なのですが、この際、飼い主にも同じ甘え方をしてしまいましょう。「お母さんだと思っているの？」と、プラスにとらえてくれるはずです。

飼い主さんへ　イヌが人間の顔をなめるのは、単純に食べ物や化粧品の味がするからという場合もあります。また、許容しすぎると飼い主以外の人の顔をなめるようになってしまうことも。顔をなめたら立ち上がるというのを習慣にしていれば、やめさせることもできますよ。

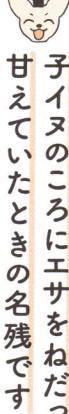

「いやだ」って伝えるには？

#行動　#うなる

低くうなってみましょう

どうしてもいやなときってありますよね。おもちゃをとられたくないとか、無理やりどこかへ連れて行かれそうになっているとか。ええ、わかっていますよ。わたしたちは争いごとが苦手なので、無駄なケンカはしないよう自分でなんとか回避しようとしてきたのですよね。それでも避けられないときは、最終手段です。「ウー」と低い声でうなって、いやな気持ちをアピールしましょう。うなり声を聞けば、飼い主もわれわれのストレスに気づいてくれるはず……。

飼い主さんへ　低くうなるのは、いやだというアピールの最終手段。この時点でストレスレベルはかなり高くなっています。すぐに状況を変えるのが一番ですが、お手入れや病院など、どうしても必要なことであれば、大好物のおやつをあげながら行いましょう。

気持ちがいいと声がもれちゃう

#鳴き声　#声がもれる

いたって自然なことです

もしかして、なでられているときに「ゔん〜〜」とうめいてしまうのを気にしているのですか？　飼い主に怒っていると勘違いされるかも、と。でも、こればかりはコントロールできないですしねぇ。ネコでいえば安心しているときに出るのどの「ゴロゴロ」、人間でいえばマッサージされているときの「あ〜気持ちいい……」と同じで、リラックスしている証拠です。耳がたれ、口もとがゆるんでうっとりした表情をしているその姿を見れば、飼い主もわかってくれますよ。

飼い主さんへ　ときには苦しげに聞こえることもあるかもしれませんが、「気持ちいい〜」というサインなので、心配ご無用。愛犬をマッサージしている最中にこんな声がもれているようならあなたの腕がいい証拠です。今後もぜひ継続してください！

人の言葉を話せました！

#鳴き声　#人間の言葉？

すばらしい！
言葉をマネするとほめられますよ

これはおめでとうございます！　またひとつ、おやつ獲得ポイントが増えましたね。どんな言葉を覚えたのですか？「ゴア～ン（ゴハン）」と「オゥアイ（チョウダイ）」。なるほど、なんのことかわかりませんが、それを言うとほめられ、おやつがもらえるようになったのですね。その発音、忘れないようにしましょう。

それにしても、最近はイヌもいろいろな発声ができるようになりましたよね。飼い主の勘違いというのが大半ですが、都合がいいので誤解させておきましょう。

飼い主さんへ　これは要求吠え（なにかを要求するために吠えること）の一種。なかには芸として教えている人もいるようですが、本来イヌを興奮させる原因になる言葉は覚えさせないほうがイヌのためです。芸として教えたからには、ごほうびの用意はお忘れなく！

しっぽの先を踏まれたかも!?

#鳴き声　#ギャン！

気のせいだったとしても大げさに声を上げてOK！

しっぽの先などを踏まれたときは、たとえあまり痛くなかったとしても、ちょっと大げさに「ギャン！」と鳴いておくのがいいでしょう。飼い主はたくさんあやまってくれるので心苦しいかもしれませんが、こうすることで、注意喚起にもなります。残念なことに、人間って、なかなか自分の足もとを見ない生き物なんですよ。いろいろな意味で。そのため、わたしたちから「足もと、ちゃんと見てる？」と注意をうながすのはとても大切なことなのですよ。

飼い主さんへ　イヌを踏んでしまったときは、痛がっているそぶりがないか、よく確認してください。ちょっと当たったくらいであれば大事には至りませんが、本当に体重がかかれば、骨折の可能性もあります。事故を未然に防ぐためにも、お散歩はスニーカーで連れて行って。

とっさに飼い主をかんじゃった！

#行動　#甘がみ

すぐになめてごまかせばセーフかも

大丈夫！ まだごまかせます。さあ、早くかんでしまったところをペロペロなめてください。暗示をかけるかのごとく、「間違えてかんだだけ、間違えただけ」と……。ふぅ、どうやらうまくごまかせたようですね。遊びに夢中になると、このようなうっかりミスが起きやすいんです。そんなときは、なめたり、飼い主によりそったりすれば、許してもらえることが多いですよ。必死にごまかす姿がかわいいんだそうです。でも、あまりくり返すと効かなくなるので注意しましょうね。

飼い主さんへ

イヌは遊びの最中に興奮スイッチが入ると、なかなか自分ではコントロールがきかなくなってしまうもの。たとえば「遊び中に飼い主の手に歯が当たったら終了」というルールをつくるなど、飼い主のほうで上手に興奮をコントロールしてください。

赤ちゃんとはどう付き合えば？

#対人間　#人間の赤ちゃん

あなたの弟や妹みたいなものです

急に大きな声を出す人間の赤ちゃんには、驚かされることも多いですよね。飼い主も赤ちゃんに付きっきりになるし、おもしろくないのもわかります。ですが、赤ちゃんはあなたにとって、弟や妹のようなもの。年長者として、しっかり守ってあげましょう。しっぽをつかまれる、おなかをさわられるなど、ときどき赤ちゃんは思ってもみない行動をすることがあります。不快に思うことをされたとき、とっさにかみついてしまうと大ケガをさせてしまうので注意してください！

飼い主さんへ イヌは適応能力の高い動物ですが、なかにはどうしても赤ちゃんを受け入れられない子もいます。そんなときは無理をせず、トレーナーなどの専門家に相談してみましょう。赤ちゃんが成長し、おやつをあげられるようになると、関係が改善することもあります。

Column

イヌと赤ちゃんの関係

人間の赤ちゃんに対して、わたしたちがどのように接するようになるかはイヌそれぞれのようです。あなたはどのタイプですか？

兄・姉タイプ

赤ちゃんに対しても友好的に接することができます。しかし、なにかの拍子に野生スイッチが入ってしまう可能性も考えられるので、飼い主にはつねにそばにいてもらいましょう。

弟・妹タイプ

突然やってきた赤ちゃんに、ちょっぴりやきもちをやいてしまうタイプです。赤ちゃんの存在をストレスに感じるようなら、落ち着くまでは距離をとるほうがよいでしょう。

空気タイプ

あまり赤ちゃんに関心を示さないマイペースタイプ。赤ちゃんは免疫力が弱いので、たとえふれ合うことがないとしても、身のまわりは清潔にしておきましょうね。

もしもぼくのうちに赤ちゃんがやってきたら、お兄ちゃんとしてしっかり面倒みてあげようと思うんだ！　飼い主と遊ぶ時間が減るのはさびしいけど、ぼくのことも大切にして、愛情をもって接してくれたら、我慢できるよ！

飼い主がしつこく呼んできます

＃行動　＃チラ見

とりあえず、チラ見しておきましょうか

基本「飼い主LOVE♡」のわたしたち。呼ばれたら喜んでかけよります。……が、かけよってもほめてもらえないと「すぐ行かなくてもいっか」という気持ちになるのです。それに、背中に爪切りを隠し持っていたときのショックときたら……。さすがに何度かそれをされると、無視のひとつもしたくなります。でも、おやつや散歩は逃したくないですよね。では、呼ばれたらチラ見してようすをうかがうのはどうでしょうか。いいことがありそうなら、かけよるってことで！

飼い主さんへ　いつの間にか「名前を呼ぶ＝オイデ」になってはいませんか？　名前を呼ぶのはアイコンタクトと同義であって、それだけでは「オイデ」にはなりません。名前を呼んだら「オスワリ」や「オイデ」をセットにするなど、指示を明確にしてください。

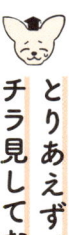

最近、新入りが飼い主と親しげです

#気持ち　#やきもち

ここはあくまで冷静に 先輩の余裕を見せるとき

あらあら、おうちに新しいイヌがやってきたのですね。そうしたら飼い主と新入りの子がやけに親しげで、やきもちをやいてしまったと……。心配ご無用、今は新入りブームになっているだけで、飼い主もあなたのことを忘れているのではありませんよ。新入りの子も、おうちに来たばかりでとまどっているところでしょうから、ここは先輩らしく、寛大な気持ちで許してあげましょう。嫉妬しているなんて悟られたら、それこそ新入りさんが調子にのるかもしれませんからね。

飼い主さんへ　イヌがなににこだわりをもつかはそれぞれ違うので、どんなときでも先住犬を優先する必要はありません。また、イヌ相手に「先住の子をうやまって！」とか「年下の子をかわいがりなさい」などとしつけることは難しいと思ってください。

先輩には気をつかうべき？

#気持ち　#気をつかう

競り合わず譲ったほうが生きやすいことも

こちらは後輩のイヌからのお悩みですか。近ごろ、イヌとの関係で悩んでいる子が多いのですね。あまり神経質にならなくても、イヌの世界に完璧な上下関係はありません。そのため、先輩にもそれほど恐縮する必要はありませんよ。ですが、同居するイヌが相手の場合、無駄な争いはしたくありませんよね。万が一、競《せ》り合いそうになったときは、さっさと譲ってしまいましょう。おもちゃのとり合いになることが多いなら、同じものをもうひとつ用意してもらえるといいですね。

飼い主さんへ　多頭飼いの家では先住のイヌを優先すべきだと思われがちのようですが、必ずしもその必要はありません。人間だって、兄が優先されることもあれば、弟の意見が尊重されることもありますよね？　争いになることがなければ、イヌは優先度は気にしませんよ。

さびしい気持ちをわかってほしいです

#鳴き声　#ク〜ン

上目づかいで「ク〜ン」が効果的です

伏せて上目づかいをするだけでは、さびしい気持ちに気づいてくれないこともあります。儚《はかな》げなニュアンスで「ク〜ン」と声に出してみましょう。それで通じないときは、「ク〜ン」からの「ワンワンワン！」というコンボ技もひとつの手です。飼い主をだますみたいで心苦しい？　でも、さびしさを我慢していたらストレスでこちらが参ってしまいます。イヌは人間との結びつきが強いぶん、孤独には弱いのだとわかってもらわないと。あの手この手で飼い主の気を引いてみて。

飼い主さんへ　これも要求吠えの一種で、クレートやサークルから出してほしいときにこの声色を使うイヌが多いようです。ただし、「オシッコしたいから出して！」という場合もあるので、トイレのタイミングの管理は忘れないでくださいね！

ひとやすみ

できてる はずだが

ぼくは雑種
でもまだ ともだちが いなくて・・・
えがおで ちかづいたら ともだち できるかな・・・・
おーーい
ぉ〜〜い
ニカーーー!!

とうだい もとくらし

くんくん くんくん
かいだことある このにおい・・・
いったい だれのにおい だっけ・・・?

3章
イヌの暮らし

生活の中でのさまざまな疑問に
お答えしましょう。

飼い主が「オスワリ」を連呼している

＃対人間　＃しつけ

飼い主がなにか言っているときはごほうびチャンス！

飼い主の言う「オスワリ」は「座って」という意味。わたしたちが興奮しているときに落ち着いて指示を聞けるよう、座らせようとしているのです。けれど、指示を出すなら、上手にできたときはほめてほしいですよね。ついでにごほうびも。指示には従わせるのにごほうびがないなんて、給料を払わない会社と同じです。このほかにも、「オテ」「フセ」「マテ」「ハウス」など、飼い主からの指示はいろいろあります。しっかり覚えて、ごほうびチャンスを逃さないようにしましょう。

飼い主さんへ　トレーニングは、ごほうびのおやつを手に握った状態で行うと効果的です。イヌの意識を手に向けられますし、正しい行動ができたときに、すぐにごほうびを与えることができるからです。ただし、あまり根をつめず、楽しいトレーニングにしてくださいね！

Column

しつけトレーニングに挑戦!

しつけというのは、安全で快適な暮らしをするために守らなければならないマナーを覚えることです。ここでは、そんなしつけのトレーニングのコツを紹介します。一生懸命励みましょうね!

1 姿勢を覚える

まずは飼い主が、わたしたちに正しい姿勢を教えてくれます。形から入るってやつですね。

飼い主には、おやつを手に握ってにおいで誘導してもらいましょう。

2 指示語を聞く

正しい姿勢を覚えたら、次に指示語を聞きます。飼い主の発する言葉をよく聞いて、指示語と姿勢を結びつけて覚えましょう。

ごほうびがもらえたら、正しく行動できたということです!

3 ごほうびをもらう

姿勢をキープしたまま指示語を聞くことができたら、ごほうびのおやつがもらえます。ここまでが一連のトレーニングです。

冬は寝床が寒くて……

#行動　#くっついて寝る

みんなでくっついて寝ればあったかいですよ

よく「イヌは毛皮を着ているから寒くないでしょ」なんて言われますけど……寒いですよね？　冬の夜はとくに冷えます。そんなときは、きょうだいや同居のイヌたちとくっつき合って暖をとりましょう。イヌ肌がなければ人肌でもいいので、飼い主のふとんにもぐりこんでしまうのもひとつの手です。

飼い主が用意してくれたペット用のヒーターを使う場合は、熱くなりすぎたときに逃げられるスペースがあるかを事前によく確認してくださいね。

飼い主さんへ　「ハウス」がきちんとできる子であれば、飼い主といっしょに眠っていても問題ありません。ただし、毎日いっしょに寝ていると、クレート（86ページ）で眠れなくなってしまうこともあるので、特別な日だけにとどめておいたほうがよいでしょう。

飼い主が帰宅！正しいお出迎えは？

#行動　#お出迎え

ただいまー

うれしさをアピール！ただしオスワリはしたままで

おや、飼い主のご帰宅ですか。玄関に近づく足音が聞こえますね。数時間ぶりの再会にはしゃぎたくなる気持ちもわかりますが、落ち着いてください。そんなふうに飛び跳ねてしまっては、サークルから出してもらえないですよ。もちろん吠えるのもダメ。「飼い主に会えてうれしい♡」という気持ちは全面的にアピールしながらも、サークル内でオスワリして落ち着いた姿を見せてください。わたしの経験上、こうしているのが一番早くサークルから出してもらえるのです。

飼い主さんへ　出がけや帰宅時に大げさに別れをおしんだり、再会を喜んだりするのはNG。さりげなく出かけて、さりげなく帰ってくる。これがイヌを興奮させないベストな方法です。帰宅時も、イヌが興奮していたらサークルから出さず、落ち着くまで待ちましょう。

お散歩と聞くと平静でいられない！

＃気持ち　＃興奮

先を読んで オスワリして待ちましょう

「お散歩」という言葉、どうしてあんなに魅力的なんでしょう！　聞いただけで思わずかけまわりたくなる気持ち、お察しいたします。ですが飼い主を見てください。あなたの大騒ぎに困ってしまっているようですよ。一刻も早く出かけたければ、先を読んでオスワリし、静かに待っていましょう。リードをくわえて準備しておけば、飼い主の手間も省けてなおよいですね。え？　ごはんのとき？　もちろん同様に、オスワリで待機しましょう。

飼い主さんへ　イヌが興奮しているときは、すぐには出かけないようにしましょう。落ち着いてから出かけることを徹底すれば、やがてそれが正しい行動だと学習します。また、「散歩」「ごはん」などの興奮スイッチとなる言葉は、なるべく覚えさせないほうがよいでしょう。

通りたくない場所があります

#行動　#動かない

断固として譲らない姿勢を見せましょう

おや、道端で行きつ戻りつしてどうしたんですか？　この前は、道の先にカエルを発見して進めなくなっていましたし、意外とデリケートなんですね〜。今日はなにがこわいのですか？　……以前あの道を通ったとき、近くで大きな音がしてこわかったんですね。でも行きたくないなら、もっとしっかり拒否の姿勢をとってアピールしないと伝わりませんよ。前足をピーンと伸ばしてブレーキをかけ、断固として「行・き・た・く・な・い－!!」ってね。

飼い主さんへ　足をピンと伸ばしてブレーキをかけるようなしぐさが見られたら、こわくてそれ以上進みたくないか、帰りたくないかです。おやつで気をそらせるなら少しずつ与えて進むようにし、それでもこわがっているときは別のルートで帰宅しましょう。

散歩中、飼い主を引っぱってもいい？

＃行動　＃リードを引っぱる

デキるイヌは飼い主の隣を歩くものですよ

待ちに待った散歩の時間！　気持ちがはやりますね。興味のある方向へつき進みたい一心から、飼い主をつい先導したくなる気持ちもわかります。しかも飼い主があなたについてきてくれるというのなら、なおのこと。ですがそんなとき、飼い主は微妙な顔をしていませんか？　飼い主にも楽しんでもらわないと、散歩の時間が減ってしまうかも。許可が出るまでは飼い主の横につき、飼い主のペースで歩いてあげましょう。ときどきチラッと飼い主を見上げることもお忘れなく。

飼い主さんへ　散歩のとき、イヌに飼い主を先導させるのは事故のもとです。イヌがリードを引っぱったらそのつど立ち止まり、飼い主の横について歩くことを教えてください。散歩中に飼い主と目を合わせる「キャッチアイウォーク」を教えることも有効です。

なんで今日は散歩に行けないの？

#気持ち　#散歩に行きたい

人間は雨の日、散歩をしたがらないのです

散歩の時間なのに飼い主が動かない。そんなときは「忘れてるよ?」と、そっとリードを見せましょう。それでも動かないときは、雨が降っているのかもしれませんね。雨なら仕方ありません。わたしたちだって濡れるのはいやですものね。ん？　それでも散歩に行きたい？　さてはあなた、外じゃないと排せつできないタイプですね。すでにソワソワしているじゃないですか。飼い主さ〜ん！　おうちでトイレトレーニングしていないあなたの責任ですよ！

飼い主さんへ　なんらかの事情で散歩に行けないときは、おうちの中でたくさん遊んで発散できるようにしてください。また、外でないと排せつできないというのはよくありません（45ページ）。どんなところでも排せつできるよう、トイレトレーニングをはじめましょう。

いつ起きて、いつ寝ればいい？

＃生活　＃寝る　＃起きる

飼い主に合わせたほうがストレスになりません

こればかりは飼い主の生活リズムに合わせて、としか言いようがありませんね。飼い主より早く起きてもいいことなんてありませんよ。ただ待たされるだけですから。飼い主が留守の間も、お昼寝しながら待っているでしょう？　それと同じで、「家族は寝て待つ」ものなのです。ただし、子イヌのうちは話は別。子イヌは自分のタイミングでトイレに行って排せつすることができませんから、トイレトレーニングが完了するまでは、飼い主にペースを合わせてもらいましょう。

飼い主さんへ　子イヌのうちは、イヌの生活リズムに飼い主が合わせるものですが、成長するにつれて徐々に飼い主のペースにしてしまってOKです。ただし、自分の都合でいっしょに夜ふかしさせるなど、イヌを振りまわすようなことはやめてくださいね！

Column

寝る子は育つ……？

成犬の場合、1日の平均的な睡眠時間は12〜15時間ほど。1日の半分以上を睡眠にあてていることになります。子イヌやシニア犬の睡眠時間はさらに長くなり、1日の大半を寝て過ごすことも少なくありません。ですが、イヌはそのぶん眠りが浅く、なにか異変があったときにはすぐに目を覚ませるようになっているのです。これは、いつ危険がせまってくるかわからない生活を送っていた野生のころの名残。とはいえ、いまどきの飼いイヌは飼い主のもとでなんの危険もない生活をしていますので、イヌの習性を忘れて大爆睡、なんてことも珍しくありませんけどね！

イヌも人間と同じように、睡眠中に夢を見るという研究結果もあるそうです。わたしもときどき、寝ている間になにかしゃべっていることがあるようなのですが、もしかすると、夢の中で誰かとお話していたのかもしれませんね。

夜はどこで寝ればいいの？

＃生活　＃寝る場所

好きなところでOKですが安全面ではクレートがおすすめ

サークル内やソファ、それに飼い主のベッドまで、寝床の候補がたくさんあっていいですね～。基本的には、落ち着いて眠れるところだったらどこでもOKです。飼い主といっしょに寝ているという、甘えん坊なイヌだっているでしょう。ですがやはり、おすすめなのはクレート。日本は地震などの災害も多いので、じょうぶで持ち運びもできるクレートの中で眠っていれば、いざというときにも安心です。クレートのすばらしさについては、86ページでもじっくり解説しています。

飼い主さんへ

「イヌと同じ寝床で寝ると、飼い主を下に見るようになる」なんていわれることもありましたが、本来イヌは仲間と眠るもの。そのようなことはありません。ただし、いっしょに眠るのは、きちんとクレートで眠れるようになってからにしましょう（74ページ）。

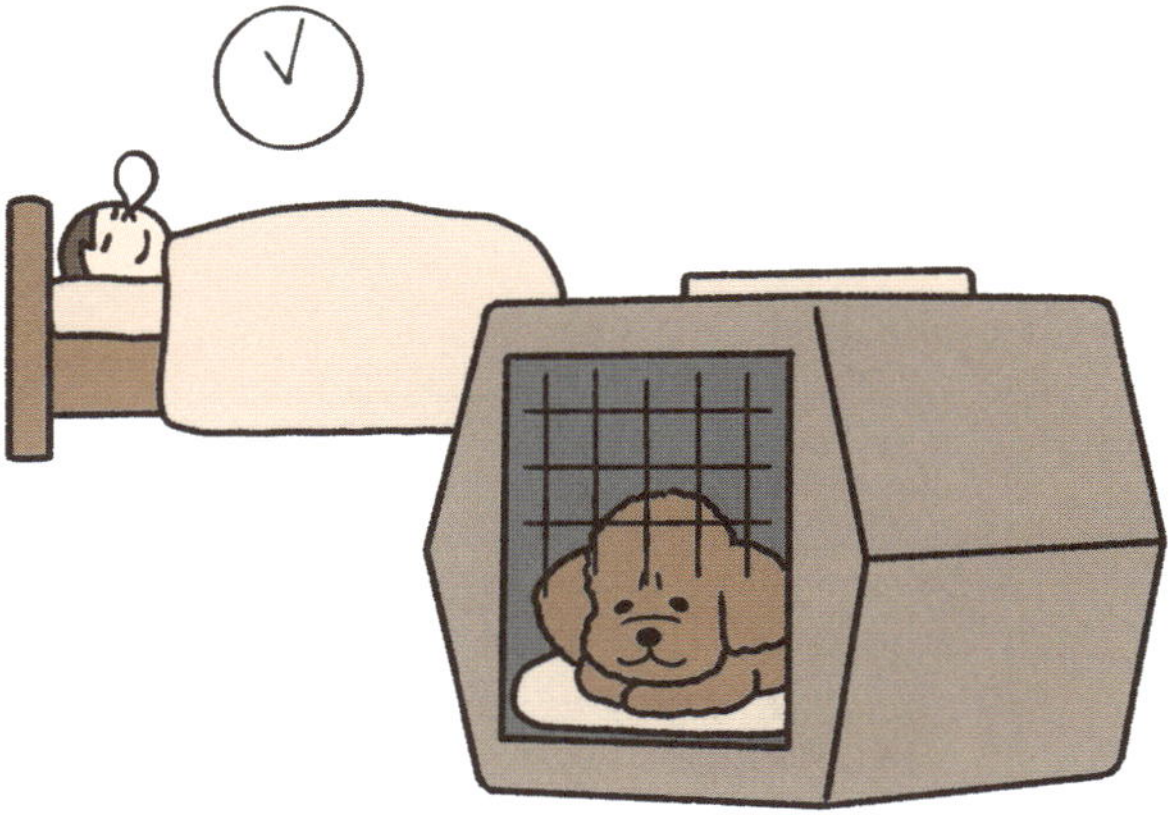

うちの飼い主、朝寝坊なんです

#生活　#起きる時間

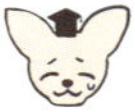

あきらめて あなたも寝坊するのが吉

週末になると、飼い主が全然起きてこないんですね。残念なことに、人間の社会には寝坊してもいい日というものが存在するらしいのです。まったく理解できませんけどね。そういうときの飼い主は呼んでも無駄なので、いっそのことあなたも寝坊してしまいましょう。ただし、トイレに行きたいときはこの限りではありません。成犬になれば、平均して7〜8時間はオシッコを我慢できるものですが、それ以上待たされていると いう場合は声高に「出して！」と抗議すべきです。

飼い主さんへ　子イヌのうちは、月齢＋1時間ほどしかオシッコを我慢できません。つまり、生後3か月の子がオシッコを我慢できる時間は4時間ほどです。子イヌを飼っている場合は、サイクルに合わせて夜中でもトイレに連れて行き、排せつさせる必要があります。

本当はシャンプーって苦手なの

#生活　#シャンプー

被毛を清潔に保つために月に1～2回は我慢です

シャンプーの好ききらいはイヌそれぞれ。水遊びは好きだけどシャンプーはきらいというイヌもいるので、一概に濡れるのがいやだというわけでもないようです。それから、飼い主の腕に問題がある場合もあるんです。わたしも昔はシャンプーに苦手意識をもっていたのですが、トリミングサロンでするようになってからは気にならなくなりました。その道のプロだけあってとても手際がいいので、ストレスになりませんよ。一度飼い主にお願いしてみてはどうでしょう。

飼い主さんへ　濡れる、押さえつけられる、変なにおいになるなど、シャンプーには、イヌが苦手とすることがつまっているのです。少しでも刺激が少なくなるよう、シャワーはいきなり当てずに手からやさしくかけてください。お湯の温度は、35～38℃がいいでしょう。

オシッコのとき、体を汚したくない

#生活 #排せつ

吸水しやすい場所を選んでしましょう

干からびた虫のにおいを好んだり、泥まみれになるのが好きなわたしたちですが、実はきれい好きなんですよね。自分の排せつ物で体が汚れるなんて、もってのほか!! これを防ぐには、オシッコは吸収率のよいところでするのが一番です。新しいトイレシーツは吸収率がよくて最高ですよ! わたしなんかは、トイレシーツを替えてもらっている間からすでにソワソワしてしまいます。え? 外で排せつするとき? コンクリートの地面よりは、芝生や草むらがいいですね。

飼い主さんへ

こういった習性から、わたしたちは吸収率のよい場所を選んでオシッコをしています。お掃除したてのトイレでオシッコしたくなってしまうのはそのため。お掃除してくれた飼い主にいやがらせをしているわけじゃないので、悪く思わないでくださいね。

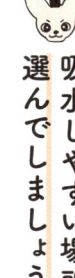

狭いところに押しこまれます

#生活　#クレート

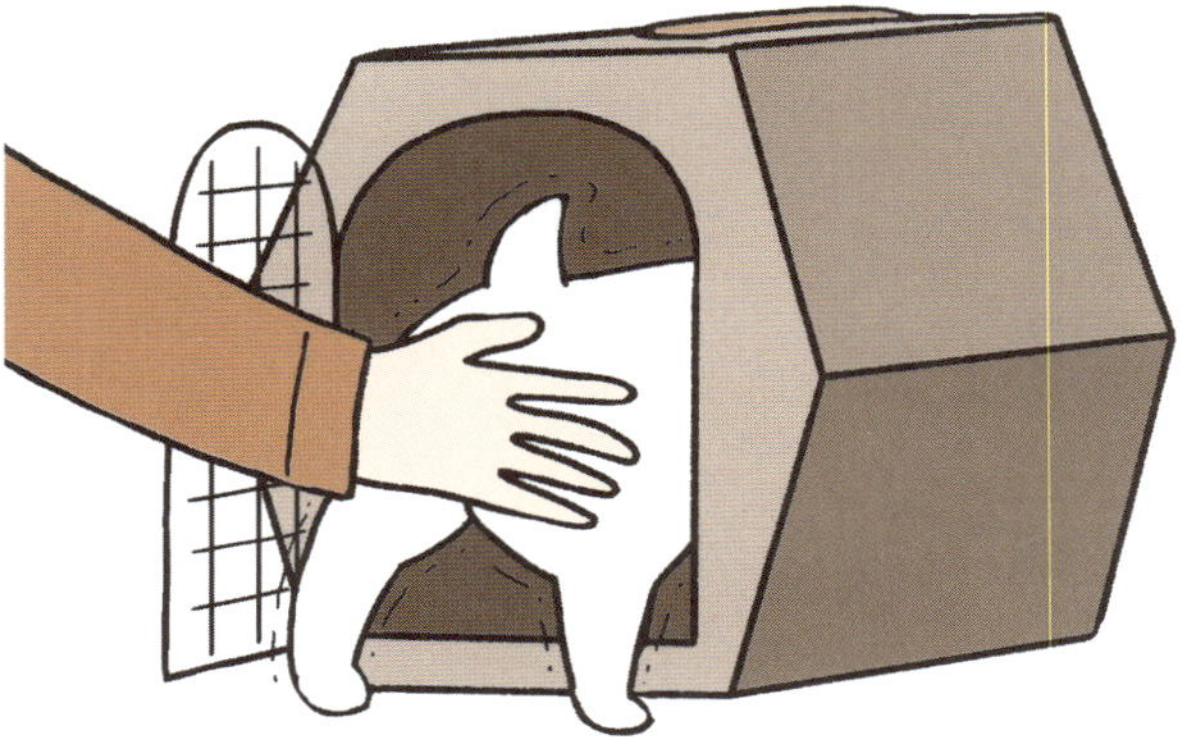

クレートは牢屋《ろうや》にあらず落ち着けるマイホームです

クレートをいやがるとは、おかわいそうに。過去によほどこわい体験をしたのですね。クレートに入ると必ず病院に連れて行かれるとか？　一度入ると出たくても出してもらえないとか？　でもね、クレートって本当はとても落ち着ける場所なんですよ。よく見ると巣穴っぽいでしょ。あの中にすっぽり入れば体が守られて安心なんです。ほら、扉はスッと開くからこわくないし、中にはガムやおやつが入っているかも。少しずつでいいので、入ってみませんか。

飼い主さんへ

クレートに慣れさせるには、はじめは扉は開けたままで中におやつを入れてその場を去り、イヌが自分から中に入るのを待ちましょう。慣れてきたら、おやつを入れたクレートの扉を閉め、イヌが「中に入りたい」と思うような工夫をするとさらに効果的です。

Column

クレート暮らしのススメ

ふだんからクレートを愛用しているというおふたりに、クレート暮らしのすばらしさを語っていただきました！

柴犬のやまとさんの場合

オレの飼い主は、クレートの上にタオルをかけて、まわりをおおってくれるんだ。するとクレートは、さらなる快適空間に早変わり！　外のことも気にならなくなるし、まさにオレだけのすみかって感じで気に入ってんだ！

ゴールデンのゴルゴさんの場合

わたしが子イヌのころ、お昼寝中に部屋が大きく揺れたんです。なにごとかとビクビクしていたら、本棚から落ちてきた本がクレートの天井に激突！あれにはとても驚きました。ですが、クレートに入っていなかったら、あの本は自分自身に直撃していたんですよね。おかげで命拾いしました。

クレートは、出かけるときにだけ使うのではなく、ふだんから部屋のどこかに置いておいてもらいましょう。中にお気に入りのおやつが入っていると、警戒心もうすれますよね！

病院ってこわいところでしょ……？

#生活　#病院

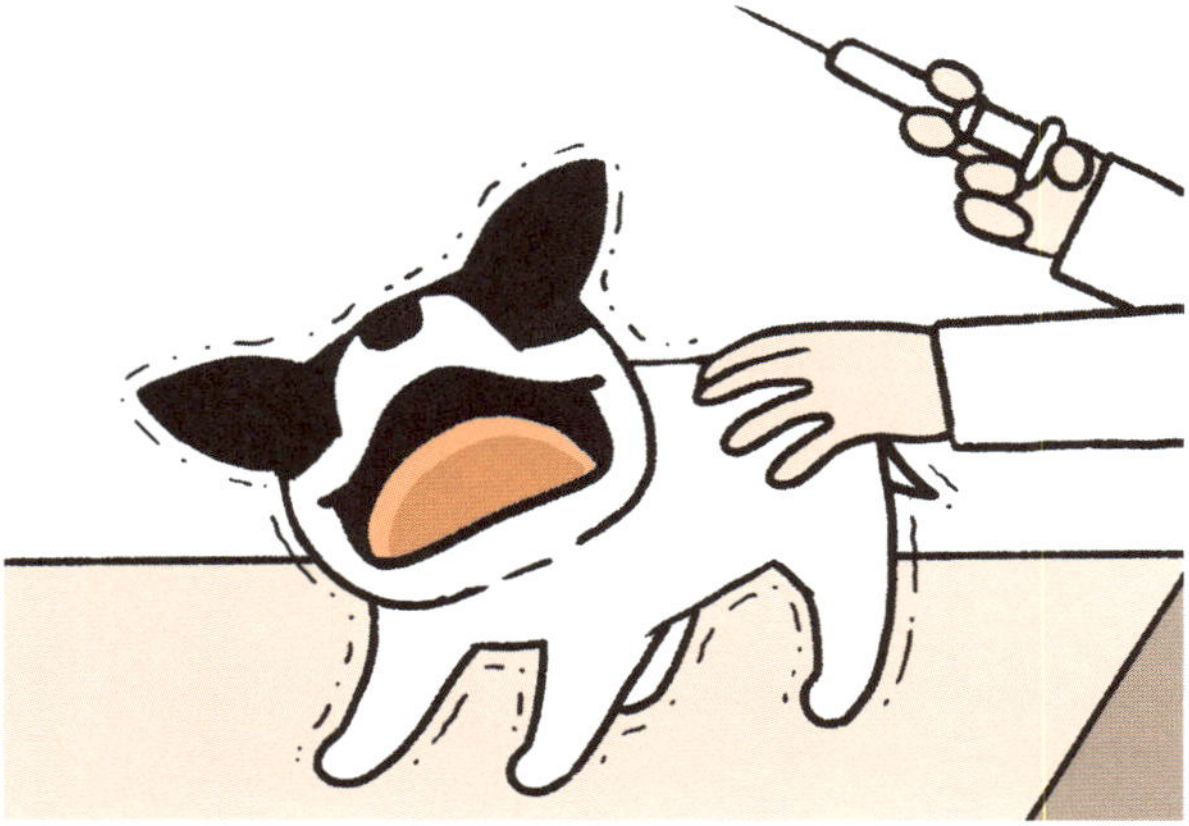

獣医師の診察も あなたの健康のため

病院――。それはこの世で最もおそろしい場所。そんなふうに考えているイヌも多いのではないでしょうか？　公園に行けると思ったら、目的地は病院だったなんて日には、落ちこみもするでしょう。ですが本来、病院はあなたの不調を改善するための場所。年に一度の健康診断も、すべてあなたのためなのです。え？　だけどこわいものはこわい？　そうですね。それでは最高級のごほうびを用意してもらいましょう。一番好きなおやつが食べられると思ってがんばってください。

飼い主さんへ　病院へ行くときは、飼い主もかまえずいつもどおりに出かけるようにしましょう。飼い主の不安は、イヌにも伝わってしまいます。また、病院の方針にもよりますが、獣医師の手からおやつをもらえると、診察もがんばろうと思えます。

ごはんの中に変なものが入ってた!?

#生活　#薬

それはお薬でしょう。安心してのみこんでください

なになに？　先ほどのみこんだ小さなカプセル、飼い主が病院でもらっていたものだった、ですって？　あなた、意外と記憶力がよかったんですね。

それは〝薬〟といって、病気をとり除くためにのむものです。苦くてまずいかもしれませんが、不調がやわらぐので安心してください。だけど、本当は薬だとわからないくらいカムフラージュしてもらえるといいですよね。粉薬だったら、おいしいごはんに混ぜれば、かなりごまかせちゃうんですが……。

飼い主さんへ　ドライフードを薬に見立てて、1粒ずつ口に入れる練習をしておくと、いざ薬をあげなければならなくなったときに役立ちます。ふだんからこの練習をしておけば、いつものフードが1粒くらい薬に変わったとしても、意外と気づかないものですよ。

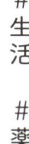

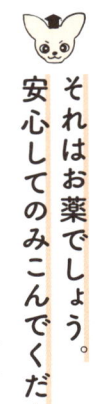

飼い主に洋服を着せられます

#生活　#洋服

意外と似合っていますよ（笑）

洋服を着るたびに写真を何枚も撮られて、もううんざり！　というごようすですね。仕方ありませんよ。ただでさえかわいい動物が、かわいい洋服を着ているのですから。それに、外出時に洋服を着ることは、汚れや虫からあなたの体を守るために大切なことです。さらに洋服には、抜けた毛が落ちないようにする目的もあるようです。飼い主もいろいろ考えて服を着せているんですね。それにしても、あなたの飼い主のセンスときたら……。あ、いえ、とても似合っていますよ。

飼い主さんへ　洋服を着せるとかわいさが倍増するからといって、家の中でもずっと着せつづけるのはNGです。皮膚が空気や日光にまったく当たらないと、ターンオーバー（皮膚が新しく生まれ変わること）をしなくなってしまいます。

飼い主が風邪をひいたみたいなの

#対人間　#飼い主が風邪

今日だけは おとなしくしていましょう

飼い主が風邪ですか。それはお気の毒に。大好きな飼い主の元気がないとなれば、心配でたまらなくなりますよね……。人間の風邪はイヌには感染しないので、わざわざ距離をおく必要はありませんが、今日だけはおとなしく飼い主の回復を待ちましょう。飼い主も今ごろ苦しんでいるでしょうから、散歩に行けなかったとしても悪く思わないでください。あっ、でも、あなたの体についたウイルスによって、ほかの家族が風邪をひいてしまうことはあるので注意してくださいね！

飼い主さんへ　風邪ならばさほど心配はいりませんが、なかにはズーノーシス（人獣共通感染症）といって、イヌと人間が共通して感染する病気もあります。排せつ物の片づけをしたあとや食事の前などは必ず石けんで手を洗い、感染予防に努めてください。

人の食べ物っておいしそう♡

＃対人間　＃人間の食べ物

一度食べるとやみつきになってしまうのです

人が食べているものって、なぜあんなにおいしそうなんでしょう！　見た目やにおいはもちろんですが、一番は「以前食べたらおいしかった」という記憶があるからだと思います。ひょっとすると、飼い主に内緒でつまみ食いした経験があるのでは……？

それはさておき、人間の食べ物にはわたしたちにとっては危険なものが存在します。代表的なのはネギ類やブドウなどですが、ほかにも多数あるので、人間の食べ物には手をつけないほうがよいでしょう。

飼い主さんへ　日ごろから「ほしがっても食べさせない」というルールを徹底していれば、イヌが人間の食べ物をほしがることはなくなります。要求吠えに負けて少しでも食べさせてしまうと、「吠えればもらえる」と学習し、要求がエスカレートしてしまうのです。

Column

危険な食べ物にご用心！

人間がおいしそうに食べているものでも、イヌにとっては体に悪いものがあるので注意が必要です。うっかり口にすることがないよう、正しい知識を身につけましょう。

ネギ類

血液中のヘモグロビンを壊し、溶血性貧血を引き起こす危険があります。

チョコレート

カカオに含まれる成分が、下痢や嘔吐などの中毒症状を引き起こすことも。

ブドウ

下痢や嘔《おう》吐《と》などを引き起こすことが。最悪の場合、腎不全におちいる可能性もあります。

香辛料

トウガラシなどの香辛料は、胃腸を刺激し、下痢の原因になることも。

カフェイン・アルコール

コーヒーや紅茶、緑茶などに含まれるカフェインは不整脈を起こす原因に。アルコール飲料に含まれるエタノールは、中毒症状を起こす危険性があります。

アボカドやナッツ類も中毒症状を起こすことがあるので注意してください。また、鶏の骨は生の状態ならかみ砕きやすいですが、加熱するとかたくなり、内臓を傷つけてしまう危険があります。

飼い主がひとりでしゃべりだした!?

#対人間　#飼い主があやしい

電話中です。抱っこチャ〜ンス!

人間はめったにひとりではしゃべりません。よく見ると、手に四角いものを持っているでしょ。あれは電話といって、機械を通して遠くの人とお話をしているんですよ。遠吠えみたいなものですかね? そんなことより、電話中はラッキーチャンスですよ! ワンワンワンと吠えてみてください。抱っこしてくれたりおやつがもらえたりするかもしれません。でも、しつこいとどこかへ行ってしまいます。2〜3回挑戦してダメならあきらめて、ガムでもかんでいましょう。

飼い主さんへ　イヌの前で電話をするのはやめてほしいです。わたしたちは当然、自分に話しかけられているものだと思うのに、無視をされると悲しくなるからです。電話のときは別室に移動するか、おやつをあげるなどして、イヌの気持ちを思いやってください。

きらいな遊びにも付き合うべき？

#対人間　#付き合いきれない

無視してしまってOKです

あなたの飼い主、遊びといえばフリスビーばかりで困っているのですね。ボーダー・コリーなどの牧羊犬ならともかく、フリスビーはすべての犬種が好むとは限りません。そもそもあれは、遊びというよりスポーツですしね。それをわかってもらうために、いやな遊びは無視しちゃいましょう☆　きっとほかのおもちゃを用意してくれるはず。愛犬が好きな遊びを探すのは飼い主の使命ですから。あまりにも的外れなときは、好きなおもちゃをそっと差し出して教えてあげて。

飼い主さんへ　興味のないおもちゃでも、いかに魅力的に見せられるかが飼い主の腕の見せどころ。おもちゃを素早く動かしたり、かと思えばピタッと動きを止めたりすると、狩猟本能を刺激できますよ。とくに、獲物が動き出した瞬間に、わっと飛びかかりたくなるものです。

同じ動きをするヤツがいる

＃生活　＃鏡

鏡に映った自分自身かもしれません

人間の世界では、「自分のそっくりさんが3人いる」といわれているそうです。イヌもそうなんですかね？でも、同じ動きをする相手は、たぶんそっくりさんではないと思います。相手はにおいがしませんよね？というか、窓みたいなものからこちらに出てこないでしょ。それは「鏡」といって、自分の姿が映っているだけなんです。気づかず吠えちゃう気持ちもわかりますけど。水たまりをのぞいたら、そこにイヌがいたときと同じくらい、びっくりしちゃいますよね〜！

飼い主さんへ　ほとんどのイヌは、鏡に映っているのが自分自身だということを理解できません。むしろ、そこに別のイヌがいるものだと思って恐怖を感じてしまうこともあります。なるべくなら、日常生活では鏡を見せないよう配慮したほうがよいでしょう。

なんだか飼い主に似てきたような

#対人間　#飼い主に似る

いっしょに暮らしていると お互い影響し合っていくみたい

わたしたちは「郷に入れば郷に従え」の精神で足並みをそろえて生活をしますよね。すると、どうでしょう。違う生き物でも、生活のテンポが同じだと雰囲気が似てくるものなんです。そもそも、わたしたちの性格は先天的なものより育った環境によるところが大きいですからね。飼い主がおだやかなら落ち着いた性格に、元気ならやんちゃな性格になったりするものです。飼い主にとっては、愛犬の振る舞いが自分の振る舞いを見直す、いい機会になっているようですよ。

飼い主さんへ 飼い主がイヌに影響されることもあると思いますよ。外へ出るのが大好きな子を飼ったことによって、インドア派だった飼い主がアウトドア派に変わることもあるんです。イヌも人間も、お互いの生活によい影響を与えながら暮らしていけるといいですね。

なぞの音といっしょに誰か来た!

＃生活　＃インターホン

「ピンポーン」という音は来客を告げる合図

あなたも気づきました? チャイムの音は人が来る合図だって。そうとわかれば吠えずにはいられません。よそ者は追い払う、それがイヌの本能だもの。追い払うことに成功すれば、一層仕事に燃えますよね。でもここで残念なお知らせが。よそ者は用が済んで帰っただけで、あなたが追い払ったわけではないんです。これにはがっかりですよね……。いっそのこと、チャイムが鳴ったらクレートにおやつを置いてもらえれば、「チャイム＝おやつ」と情報を塗りかえられるのに。

飼い主さんへ チャイムが鳴ったときは、おとなしくクレートに入るのが正解だということを根気強く教えてください。吠えてもメリットはないとわからせることが大切です。今後は、地震速報などの音でも同じ行動をとれるようになると安心ですね。

Column

外から遠吠えが聞こえる！

誰かの遠吠えが聞こえたら、とりあえず自分も遠吠えを返したくなるのがイヌの本能。ですがその音、よく聞いてみてください。本当に誰かの遠吠えですか？　人間社会には「消防車」といって、遠吠えによく似た周波数の音を出す乗り物が存在します。消防車のサイレンに反応していると、飼い主に「うるさい！」と怒られちゃうかもしれませんよ。そういうときは「サイレンの音が聞こえたらおやつ」と教えてほしいですね。

野生のころ、ご先祖さまは遠吠えをすることで離れたところにいる仲間とコミュニケーションをとっていたようです。わたしたちが誰かの遠吠えに反応したくなるのは、こうした習性が受け継がれているからかもしれませんね。

あの子、急に雰囲気が変わったわね

#生活　#トリミング

トリミングサロンに行ったのかもしれません

いますよね〜、急に被毛がツヤツヤして、なんだか雰囲気が変わったっていう子。いつもと違うにおいまでさせちゃって。それは間違いなく、トリミングサロンに行ったのだと思います。トリミングサロンというのは、シャンプーやカット、ときには爪や耳のお手入れなどをしてくれるところです。オシャレには敏感なイヌたちは、月に一度トリミングサロンへ行っているようですよ。こまめにお手入れをしないと、被毛が絡んで毛玉になってしまいますからね。

飼い主さんへ

シャンプーやトリミングは被毛を清潔に保つために必要なことですが、同時にイヌに負担をかける行為でもあります。トリミングは月に1回程度がベストで、やりすぎもよくありません。また、療養中や高齢のイヌをトリミングするのはやめましょう。

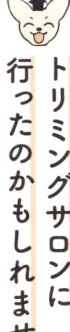

家に見慣れないものがある……

＃鳴き声　＃ヴォゥ！

「ヴォゥ！」とけん制して相手の反応を見ます

丸くて平べったいものが、勝手に動いておそってくる？　それはたぶん、ロボット掃除機ではないでしょうか。警戒心をこめて「ヴォゥ！」と吠えてみてください。とくに反応を示さないでしょ？　このように、敵か味方かわからないものに遭遇したときは、とりあえず低い声で吠えて、おどかしておくとよいと思います。それから、ときどき上におやつがのっていることもあるのでお見逃しなく。飼い主があなたの警戒心を解くために、のせてくれたのかもしれませんね。

飼い主さんへ　ロボット掃除機以外にも、ビニール袋や段ボールに恐怖を感じる子も多いようです。袋であればそこからおやつを出すところを見せたり、段ボールのまわりにごはんを置いてみたりしてください。イヌは適応性に優れているので、徐々に慣れていくでしょう。

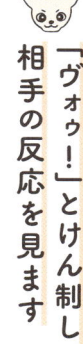

〇か×で答えよう

イヌ学テスト －前編－

どれだけイヌ学が身についたか、〇×テストでチェックします。
まずは、1～3章を振り返りましょう。

第1問	要求を聞いてくれないときは**吠えて**主張する	[　　]	→ 答え・解説 P.39
第2問	友だちを見かけたら**一直線に**向かっていく	[　　]	→ 答え・解説 P.52
第3問	飼い主とは**性格**や**雰囲気**が似てくる	[　　]	→ 答え・解説 P.97
第4問	効果的なケンカの**仲裁**は吠えること	[　　]	→ 答え・解説 P.28
第5問	イヌの世界にも**上下関係**はある	[　　]	→ 答え・解説 P.68
第6問	自分の身を守るためなら相手に**かみつく**必要もある	[　　]	→ 答え・解説 P.33
第7問	好きな子は**ケンカ**してでも射止めるべきだ	[　　]	→ 答え・解説 P.49
第8問	飼い主には**顔をなめて**甘えるとよい	[　　]	→ 答え・解説 P.58

第 9 問	こわいときは しっぽで**おしりを隠して**フセをする	[　　]	→ 答え・解説 P.23
第10問	**きらいな遊び**にも 付き合ってあげるべきだ	[　　]	→ 答え・解説 P.95
第11問	飼い主が帰ってきたら 大はしゃぎで**再会**を喜ぶ	[　　]	→ 答え・解説 P.75
第12問	**遊びに誘う**作法は おしりを上げてしっぽをフリフリ	[　　]	→ 答え・解説 P.42
第13問	散歩中は飼い主を 責任をもって**先導**する	[　　]	→ 答え・解説 P.78
第14問	争いたくないときは **相手の目**をじっと見る	[　　]	→ 答え・解説 P.34
第15問	見慣れないものは 「**ヴォゥ！**」とけん制する	[　　]	→ 答え・解説 P.101

11〜15問正解

よく勉強しました！　あなたはとても博識なイヌですね。

6〜10問正解

基礎はばっちりなので、あともう一歩です！

0〜5問正解

もっと勉強すべきです。本書を読み直しましょう。

わたしあるある

おさんぽ
いくよーー！
さんぽっ!?
やったーー!!
さんぽ
だいすきっー！
だいすきー!!
さんぽ
さんぽ
さんぽ
さんぽ
さんぽ
さんぽー
あれ？
いかないの？
もう
つかれて…

きょうぞんのみち

ヴォーーン
わー！
なんなの
こいつ!!
しらない
やつが
おうちに
いるん
です
けどー!!
まあ
なんか
おもしろい
から
いても
いいけど…

4章
ナゾの行動

「どうしてこんなことをしたくなるの？」

それはあなたの本能に関係しているかも！

気持ちを落ち着けたいときは？

#行動　#カーミングシグナル

カーミングシグナルとよばれる行動をお教えしましょう

カーミングシグナルってご存じですか？　文字どおり、「カーミング＝（自分の気持ちを）落ち着かせる」ためのしぐさのことです。体をぐ～っと伸ばしたり、ブルブルと振ったり、口や鼻の頭をペロッとなめたり、片方だけ前足を上げたり……。これらの行動には、自分や相手の気持ちを落ち着かせ、緊張をやわらげる効果があるのです。不要な争いを避けるために、自分に敵意がないことを伝える手段といってもいいでしょう。ケンカにならないように目をそらすのも同じです。

飼い主さんへ　これらの行動はイヌに備わった本能ですが、ほかのイヌどうしのコミュニケーションを見ながら使い方を覚えていくもの。公園やドッグランなどで、ほかのイヌとかかわりをもたせるなど、学習できる機会をつくってもらえるといいですね。

Column

カーミングシグナルを知ろう

代表的なカーミングシグナルをいくつかお見せします。気持ちを落ち着けたいときに役立ててください。

口や鼻をなめる

高ぶった感情をおさえると同時に、敵意がないことを相手に伝えることができます。

前足を上げる

この体勢でピタッと止まってみてください。高ぶった気持ちを落ち着けることができます。

体をかく

自分の緊張をほぐそうとするしぐさです。無意識のうちに、なにか緊張することがあったのかも。

ブルブルする

こわばった体をほぐすためのしぐさです。ストレスを吹き飛ばすことができますよ。

まばたきする

相手から目をそらすのと同じで、「争いたくない」という気持ちのときにするといいですよ。

鳴き声だけではなく、こうしたしぐさによっても感情を伝えることができるんですよ！

なにか聞こえるような？

＃行動　＃首をかしげる

首をかしげてよく聞いてみましょう

家族という群れを守るためには、耳のいいわたしたちがいち早く危険を察知しないといけません。人間の耳は頼りになりませんからね！　気になる音をキャッチしたら、首をかしげて耳の高さや角度を変えて、いろいろな方向から音を拾ってみましょう。わたしもそんなふうに音の分析に使命感を燃やしていたとき、あることに気づいたのです。実はこの首かしげポーズ、「かわい～♡」と飼い主にすこぶる好評なんですよ！　だまされたと思ってぜひ試してみてください。

飼い主さんへ　詳しいことは解明されていませんが、このポーズをとる理由としては右で述べた「音を聞きやすくする」説が有力です。自分で言うのもなんですが、ちょっと困っているみたいでかわいいですよね。喜ぶ飼い主の反応を見たくて、こうするイヌもいるようです。

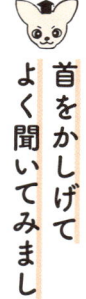

大好きなにおいを見つけたの！

＃行動　＃背中をこすりつける

においを体につけたくなる気持ちもわかりますが……

飼い主はなぜ、わたしたちに変なにおいをつけるのでしょうか。シャンプーとかシャンプーとか(怒)!! それに引き換え、外にはいいにおいがあふれていますね。草とか泥とか、干からびたみみずのにおいとか♡ そんなにおいを見つけたときは、地面に体をこすりつけて身にまといたくなる気持ちもわかります。イヌ仲間や飼い主に「いいにおいを見つけたぜ」って自慢できますし。でも、飼い主とはあまり趣味が合わないので、すぐにシャンプーされちゃうかも……。

飼い主さんへ　外でのにおいづけは衛生的によくありません。散歩中にイヌが好みそうな虫の死がいや動物のフンを見つけたら、おやつや飼い主に注目させて気をそらしましょう。われわれとしては残念ですが、イヌより先ににおいのもとに気づいて、対処することが大切です。

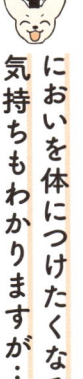

ブルブルしたら怒られた

#行動　#ブルブル

水滴を払おうとしただけなのに理不尽ですね

なんと！　われらのあのすばらしい技、「ブルブル」を見て怒るとは。頭からしっぽの先まで一気にふるわせる躍動感、水滴を一瞬で飛ばすことができる速乾性、被毛に油分の多いイヌだからこそできる、自慢の技ですよね!?　はは～ん、さては、飼い主に水しぶきをかけてしまったのですね。わざとじゃないんですから、怒らなくても……ねぇ？　怒られたからって遠慮する必要はありませんよ。この方法が一番効率よく水を飛ばせるのですから。Let'sブルブル！

飼い主さんへ　どんなに怒られようとも、被毛が濡れたときはブルブルしないわけにはいきません。くるぞ、と思ったらいち早く察して、タオルを広げてスタンバイしてもらえますか？　決して飼い主をびしょ濡れにさせるいたずらじゃないので、ご理解ください。

はじめての場所ではどうすればいい？

#行動　#においをかぐ

においと場所をセットで覚えましょう

はじめての場所でも飼い主といっしょならこわくないですよ。だから落ち着いてにおいをかいで、情報収集しましょう。その場所特有のにおいを覚えるのはもちろんですが、ほかにどんなイヌが通ったのかも覚えておくといいですね。あと、こわいことがあった場所は、においとセットで覚えておくと危機管理に役立ちます。なお、においの情報は毎日書き換えられるので、散歩に出かけるたびによーくチェックして、最新情報にのり遅れないようにしましょう。

飼い主さんへ　はじめての場所では楽しい思い出をつくってくださいね。好きな遊びをしたり、全力疾走したりできると、楽しい気持ちが高まります。それと、飼い主も楽しんでいることを全身で表現してください。イヌにとっては、それがなによりうれしいことなのです。

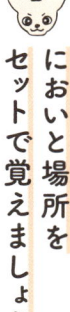

暇すぎて足をハムハムしちゃう……

#行動　#前足をしゃぶる

クセになると肌トラブルの原因に。ほどほどにしましょう

あー、暇。ごはんは食べたし、おもちゃにも飽きたし、散歩にはまだ早いし、すでに睡眠はたっぷりとっているから眠くもない。やることがなさすぎて、つい目の前にある足をおしゃぶりにしてしまう気持ち、わかります。さびしい気持ちもうすれますしね。でも、やりすぎると肌が荒れてしまいますよ。飼い主があなたのさびしい気持ちに気づいてくれるといいのですが。

人はさびしいとき「涙で袖《そで》を濡らす」ようですが、イヌは「よだれで前足を濡らす」のですよ。

飼い主さんへ　舌の出し入れや咀嚼《そしゃく》には、心拍数を下げて気持ちを落ち着かせる効果もあります。野球選手が試合中にガムをかむのと同じです。ただし、クセになると自分の皮膚を傷つけてしまうため、かんでもいいおもちゃを与えて気をそらしてくださいね。

Column

おすすめの暇つぶし

どうしても暇をもてあます時間というのは、どんなイヌにもあるものです。なかには、ティッシュをぜんぶ箱から引っぱり出したり、雑誌や新聞を細かくちぎったりして暇つぶしをするという子もいるかもしれませんが、その方法では飼い主を怒らせる可能性大！　コングやガムを用意してもらうことをおすすめします。

お留守番などでひとりになる時間が長いときは、下にあげたアイテムで気がまぎれますよ！

チワワ先生おすすめアイテム

コング

中にフードをつめてもらうと、とり出す過程が楽しめます。慣れてきたらつめ方を工夫してもらえるといいですね！

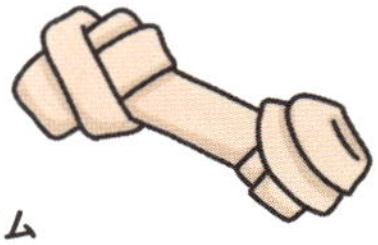

ガム

大型犬用、小型犬用など、いろいろなサイズがあります。自分に合ったものを選んでもらいましょう。

冷たいところないかな〜？

#行動　#地面を掘る

地面を掘れば冷たい土が出てきます

野生のころ、わたしたちは地面を掘って地表のあたたまった土をどかし、そこで寝ていました。その地面のひんやりして、気持ちいいこと！　そうです。あたたかい地面も、表面を少し掘れば冷たい寝床に早変わり！　こっちの地面があたたかくなってしまったら、また別のところを掘りましょう。
反対に、寒いときは自分の寝床の毛布をホリホリしてみましょう。体にぴったり密着するように仕上げると、あたたかくて気持ちいいですよ。

飼い主さんへ　穴掘りは、ストレス発散にも有効なんです。もし、ソファや畳を掘るようなしぐさをしていて、寝床を整えているようすではない場合は、ストレス状態を疑いましょう。おやつや別のおもちゃで気をそらし、思いっきり遊んであげて。

なんでもかみたくなっちゃう！

＃行動　＃かむ

かめるものがあったらかむ。それがイヌの本能なのです

「かむ」のは、ものを確認するためであり、遊びであり、ストレス発散であり……。イヌはとにかく「かみたーい」と思っちゃう生き物なのです。でも、飼い主に怒られるんですよね。「人間だって、そこに山があれば登りたくなるんでしょ。それといっしょ！」と言ってやりたいところですが、いろんな意味で言えないので、イヌの本能なんだと開き直ってしまいましょう。カーペットやカーテン、スリッパなど、布製のものはとくにかみ心地がよくておすすめですよ。

飼い主さんへ

イヌに「かまないで」は通じないので、かまれたくないものは極力片づけてください。電化製品のコードや、誤飲の可能性がある文具、アクセサリーなどはとくに危険です。また、キッチンなどの危険なものが多い場所は、イヌが入れないようにしましょう。

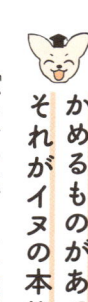

ここをつかまれるの、超不快！

#気持ち　#不快

これは完全に飼い主の勘違い。迷惑な話ですよね……

ときどき、首根っこを押さえて叱ることがしつけに有効だと勘違いしている飼い主がいるんです。ここを押さえつけて、身動きがとれない状態にして罰するという理屈のようですが、正直かなり迷惑な話ですよね。こんなことをされては、「飼い主の手はこわいもの」という記憶を植えつけられてしまいます。とにかく心地のいいものではありませんので、不快なことをはっきりアピールしましょう。効果的なアピール方法は、59ページをご覧ください。

飼い主さんへ　失敗してから怒られても、イヌにはなにがいけないのかわかりません。しつけのときは、失敗を経験させないことが大切です。たとえば、拾い食いをさせたくないなら落ちているものに近づかないよう誘導しましょう。失敗したときは反応を示さないようにしましょう。

Column

こんなしつけはNG！

右ページで紹介した「首根っこを押さえる」ことのように、飼い主が勘違いしているしつけ方はけっこうあります。イヌのみなさんに、不快に感じたしつけの方法を聞いてみました。

マズル（鼻口部）をつかまれて怒られたときはこわかったな。目をそらしたかったのに、がっちりつかまれてたからそっぽを向くこともできなくて。できればやめてほしいよ。

うちの飼い主は、怒るとぼくをあお向けにして押さえつけるんだ。あお向けは服従の証しだと信じているみたい。だけど、正直ぼくは全然そんなこと思ってないんだけどね。

落ち着きたいときはフーと深呼吸

#行動　#ため息

場面によっては「ため息」だと思われますよ

満足したときや気持ちを落ち着かせたいとき、気持ちを切り替えたいときなどに、大きく息を吸いこんで「フー」と出すと、すっきりしますよね。深呼吸は気持ちを静めてくれますから。でも、飼い主の前で深呼吸すると「落ちこんでいるの？」と心配されることがあるんです。どうやら人間は、落ちこんだりストレスがたまったときに「フー」とするようです。これを「ため息」というんですって。……そもそも「落ちこむ」って、なんのことなんでしょうね。

飼い主さんへ

わたしたちイヌは、基本的にとってもポジティブ！「落ちこむ」なんてことは、ほとんどありません。ちょっと怒られたくらいじゃ、すぐに元気になってしまいますので、心配しないでください。ただし、こわい思いをしたことはなかなか忘れないですよ。

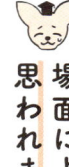

追いかけると逃げる、これはなに!?

#行動　#しっぽを追いかける

よく見てください。それはあなたのしっぽですよ

今日もいいまわりっぷりですね。昨日もクルクルしていましたが、まだ気づきませんか？　あなたが必死で追いかけているのは、ご自分のしっぽですよ。わたしも子イヌのころは、ボールと勘違いしてよく追いかけたものです。ふふ、イヌならみんな通る道ですかね。でも、しっぽと気づいたうえでクルクルまわるイヌもいるんです。飼い主に注目してもらえるんですって。さらにはしっぽを追いつづけ、ついに捕まえたというツワモノも。きれいな輪になってまわっていましたよ。

飼い主さんへ　おもしろがって眺めているそこのあなた、これは一大事です。自分のしっぽを追いかけてしまうほど、イヌが暇をもてあましているのですよ。ストレス発散にしても、あまりよい方法ではありません。さあさあ、笑っていないでいっしょに別の遊びを！

眠くないのにあくびが出るのはなぜ？

#行動　#あくび　#カーミングシグナル

注目されすぎるとあくびが出ます

それは正常な反応ですよ。あくびは眠いときだけに出るものではありません。緊張したときなどにも、気持ちを落ち着かせようとあくびが出るものなのです。わたしなんか芸達者なものですから、よく飼い主が人前で芸をやらせようとするんですよ。でもあまり期待の目で見られると緊張感に耐えきれず「フワァ〜」とすることがあります。注目されすぎるのもつらいですね。ちなみにこれ、険悪な空気のときにも使えますよ。あなたのあくびで相手の緊張も解けるはず。

飼い主さんへ

あくびをするのも、106ページで解説したカーミングシグナルの一種です。愛犬に注目したい気持ちもわかりますが、見つめすぎてプレッシャーをかけるのはNG。また、カーミングシグナルと気づかずに寝床へ連れて行くなんて、もってのほかです！

おしりがムズムズする

#行動　#おしりを引きずる

どうやっても足ではかけないので おしりを床にこすりつけましょう

おしりがかゆいときって困りますよね。足はもちろん、口も届かない場所です。そんなときは、おしりを床にズリズリとこすりつけるといいですよ。一時的ですが、かゆみが解消されます。でも本当は飼い主におしりを見てもらうのが一番です。ウンチがついているだけならズリズリでとれるかもしれませんが、肛門腺に分泌物がたまっているなら、人に出してもらわないと解決しません。ズリズリしながら、飼い主が気づいてくれることを祈りましょう。

飼い主さんへ　珍しい行動にびっくりするかもしれませんが、おしりに問題があるということは間違いありません。肛門腺に分泌物がたまっているか、腫瘍《しゅよう》や炎症、寄生虫などが原因の可能性も！　肛門腺を絞ってもつづくなら、獣医師の判断を仰ぎましょう。

なんだか草を食べたい！

#行動　#草を食べる　#吐く

おなかの調子が悪いのかも

ふむふむ。ズバリ、おなかの調子が悪いようですね。なにか消化の悪いものを食べたのですかね～。おなかの調子が悪いときに草を食べたくなるのは、体の中から悪いものを出そうとする働きによるものです。本当は、自分で草を見つけて対処できるとよいのですが、散歩コースに生えている草にはわたしたちにとって毒になるものもありますし、人間が除草剤や肥料をまいていたら危険です。飼い主に無農薬の草をもらうか、病院に連れて行ってもらいましょう。

飼い主さんへ　食べすぎや消化不良などが原因なので、まずは食事の管理をお願いします。大抵は食べられる草を自分で判断できますが、薬品がまかれていることもあるので、散歩中に草を食べさせるのは危険です。下痢や嘔吐がつづくときは、早めに病院へ連れて行って。

Column

かんたん体調チェック

イヌは本能的に不調を隠してしまいがちなのですが、体調が悪いときは早めに対処してもらう必要があります。不調にすぐに気づけるように、自分の体に異変がないかチェックしましょう。

目や耳がかゆくない

目ヤニが出ていたり、耳から変なにおいがしたら目や耳の病気を疑います。瞳が澄んでいるかも確認しましょう。

元気いっぱい動ける

体が重く、動きたくないときは要注意。病気の初期症状です。

抜け毛や皮膚の異常がない

お手入れしてもらっているのに被毛がパサつくようなら、体調が悪い証拠。フケが出ていたら皮膚炎の可能性もあります。

呼吸が苦しくない

せきやくしゃみ、呼吸困難などの症状が見られたら呼吸器系の病気を疑います。熱中症の可能性もあるので要注意。

口臭や歯の痛みがない

虫歯が原因で口の中がくさくなることもあります。よだれが異常に出ていたり、歯ぐきが変色しているときは歯周病などの疑いが。

排せつ物はいつもどおり

ウンチやオシッコは健康状態のバロメーター。量や回数、色などがいつもと異なる場合は、消化器系の病気の可能性が。

自分ではよくわからないときは、飼い主にチェックしてもらいましょう!

耳に違和感があるんだけど

#行動　#頭を振る

耳の中になにか入ったのかも？ 頭を振ってみましょう

ときどきあるんですよね。お散歩中に耳の中に草や虫が入ってしまったり、シャンプーのときに水が入ってしまったり。そんなときは、ブルブルッと頭を振ると出てくることが多いですよ。それでもかゆみがおさまらない？　どれどれ、ちょっと耳を失礼。うーん、少し変なにおいがしますね。これはもしや外耳炎《がいじえん》という耳の病気かも。わたしではなにもできないので、頭を振って〝かゆいアピール〟をしつづけてください。そのうち飼い主が、病院へ連れて行ってくれますよ。

飼い主さんへ　たれ耳のイヌはとくに、耳の中が蒸《む》れやすく、汚れがたまってしまうことが多いです。定期的に病院やトリミングサロンに行けるのがベストですが、ローションをしみこませたコットンで耳をふきとるくらいのお手入れなら、おうちでも十分可能です。

前足をたたむと、とても心配される

#行動　#前足をたたむ

関節が痛いのではないかと心配になってしまうようです

あなたのように、前足をたたんでいるとラクチンという方、けっこういるんです。その体勢でリラックスできているなら問題ないのですが、飼い主にとってはかなり心配なようです。なにしろ、関節が思いきり曲がっていて、見るからに痛そうですからね……。ネコさんなんかは、寒いときには前足をたたんで体の下にしまいこみ、体温低下を防いでいるようですよ。わたしの恩師にも聞いてみましたが、イヌがなぜ前足をたたむのか、決定的な理由はわからないそうです。

飼い主さんへ 両足ともたたんで、しまいこんでいるときは、寒さが原因とも考えられますが、片足の場合は、それがバランスをとりやすい姿勢なのでしょう。いずれにせよ、関節を痛めているわけではありませんので、心配しなくても大丈夫です。

動いているものをつい追いかけちゃう

#行動　#追いかける

わたしたちに備わった本能です

ボーダー・コリーさん、そんなことで悩む必要はありませんよ。わたしたちイヌは、野生では走って獲物を追いこみ、捕まえていたのです。動くものを追いかけたくなるのは当たり前。まして、ボーダー・コリーさんのように、牧羊犬として羊や牛の誘導をしていた犬種はとくにそういった本能が強く、今さら「追いかけるな」と言われても無理な話です。走っている自転車なんて見ると燃えますよね。服までヒラヒラとなびかせていたら、追いかけてサインとしか思えません。

飼い主さんへ　こうしたイヌの本能、現代社会では少しやっかいで、下手をすると「散歩中に目の前を横切った自転車を追いかけて、急に道路へ飛び出してしまった」なんて事故にもなりかねません。散歩中のリードは命綱も同然。しっかり握っておいてください！

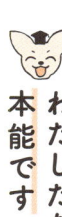

気づいたらおもらししてた!?

#気持ち　#興奮

「うれしょん」は失敗ではありません

興奮スイッチが入ると、自分で気持ちをコントロールするのは難しいもの。こういう状態のとき、無意識にオシッコしてしまうことがあるんですよね。いわゆる「うれしょん」ってやつです。「やってしまった!」と思うかもしれませんが、うれしょんは失敗ではありませんのでご心配なく。実はこれもカーミングシグナル（106ページ）の場合もあって、自分の気持ちを落ち着けるために、体が無意識に反応しているのです。失敗しちゃったとヘコまないでくださいね。

飼い主さんへ　うれしょんのタイミングとして、圧倒的に多いのは飼い主の帰宅時。再会がうれしくて、興奮してしまうんです。そんなとき、飼い主までテンションを上げて「感動の再会」をするのは考えもの。心を鬼にして、落ち着くまで待ちましょう（75ページ）。

獲物は誰にも渡したくない！

#行動　#おもちゃを渡さない

ときには物々交換で妥協しましょう

あなたがくわえているそれ、すてきなおもちゃですね。飼い主が投げたものをゲットしたんですか。え？　だけど飼い主に横どりされそうになっている？　わかります。人間って、わたしたちが手に入れた獲物を平気で返せと言ってきますよね。そんなの絶対お断りだというのに。だけど飼い主は、どうやらそのおもちゃであなたと遊びたいようなんです。素直にさし出せば、対価としておやつをもらえるでしょうから、ここはひとつ、物々交換ということで妥協できないでしょうか。

飼い主さんへ　対価のおやつがなくても、スムーズにおもちゃを渡してくれるという子は、投げてもらうこと自体が対価になっているんだと思います。「10回投げたらおやつを食べて終了」などとルールを決めて、イヌの働きを裏切ることのないようにお願いします。

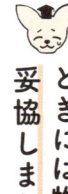

飼い主のひざ、アゴ置きにしてもいい？

#対人間　#ひざにアゴをのせる

かわいければよし。もっとやってください！

ちょっと休憩〜と、飼い主のひざにアゴをのせたことはありませんか？　すると飼い主がなでてくれるので、そのままラブラブタイムに突入〜！　というのがわたしのふだんの流れなんですが。それはさておき、飼い主のひざにアゴをのせるのはイヌの行動としては大正解！　なによりとてもかわいいですからね。飼い主にかわいい姿を見せることも、わたしたちの大事な使命なんですよ。リラックスしているイヌの姿を見て、飼い主もリラックス。一石二鳥じゃないですか！

飼い主さんへ　イヌとのふれ合いはもちろん大切なことですが、必要以上にかわいがることで、飼い主がそばにいないと不安という性格にさせてしまうこともあります。ふだんからイヌがひとりで過ごす時間をつくるなど、飼い主がつねにいるわけではない、と教えてください。

ぼく、あお向けで寝ちゃうんだけど

＃生活　＃寝相

安心しきっている証拠です

おなかを見せて眠れるなんて、あなたはとっても幸せ者ですね。骨格でおおわれていないおなかは、わたしたちにとって急所。無防備になる睡眠中は隠して寝るのがふつうです。それを堂々と出して寝るということは、誰もおそってくる相手がいないと安心しきっている証拠です。飼い主に感謝♡ですね。でも、あまり長時間あお向けだと腰を痛めるので注意してくださいね。まあ、そんなことを改めて言われなくても、苦しくなったら自分で体勢を変えるでしょうけど！

飼い主さんへ

イヌの寝姿からは、いろいろなことがわかります。あお向けまではいかないにしても、四肢を投げ出してリラックスしているようすなら安心できていますよ。寝ている間もフセの姿勢だったり、体を緊張させているようなら、なにかを警戒しているのかも。

Column

あなたの寝相、大丈夫？

あなたはふだん、自分がどんな体勢で寝ているか気にしたことはありますか？　驚くべきことに、寝姿にもそのときの気持ちが表れているんです！　自分で確認することはできないので、どんな寝方をしていたか飼い主に教えてもらいましょう。

四肢を投げ出して寝る

すぐに立ち上がることができない体勢で寝ているのは、リラックスできている証拠です。

フセのまま寝る

ちょっぴり警戒しながら眠るときは、すぐに体を起こせるようフセの姿勢になりがちです。

丸くなって寝る

体を丸めるのは、体温を逃がさないための工夫です。寝床が寒いのかもしれません。

ソファでウトウトしていると、いつの間にか変な体勢になってることってあるのよね……。飼い主にも「白目をむいてたよ」なんてからかわれたりしてちょっと恥ずかしいけど、リラックスできている証拠なのよ。

排せつしながら歩いちゃう……

#生活　#排せつ

体を汚さないための工夫なので恥ずかしがらなくてもOK！

ウンチの体勢で、1歩、2歩と前に進みたくなるの、わかります。ときには歩きすぎて、トイレからはみ出していた……なんてこともあるでしょう。ですがそれ、排せつ物が毛につかないようにするための、イヌならではの工夫なんです。恥ずかしがらず、堂々としていてOKですよ！　オシッコのときだって、自分の毛が濡れないように、無意識のうちに吸収されやすい場所を選んでしていること（85ページ）、気づいていました？　わたしたちってキレイ好きなんです。

飼い主さんへ

室内での排せつのときも歩いてしまうなら、トイレ自体を囲ってしまいましょう。おすすめは、トイレ用のサークルをつくること。ただし、イヌは寝床とトイレが近いことをいやがるので、トイレサークルは寝床から離れた場所に置きましょう。

トイレのあとはにおいづけ♪

#行動　#砂をかける？

においを拡散させて自分の存在をアピール！

オシッコやウンチをしたあとに「ザッザッ」と後ろ足で地面を蹴り上げるとは、なかなか自己主張の強い子ですね。この行動、人間には「オシッコやウンチを隠している」とよく誤解されます。確かにネコの砂かけにも見えますが、イヌの場合は足の裏から出る汗を地面にこすりつけて自分のにおいをつける、マーキングの一種なんですよね。ですが砂のあるところだと、砂が飛んでしまうのも事実。意外と遠くに飛びますので、周囲には注意して。

飼い主さんへ　においづけは、おうちの外、つまり自分のテリトリーの外ですることが多いです。こんなことをいうと、においを残してあげたほうがいいと思われるかもしれませんが、散歩中は人間のマナー優先でOKですので、オシッコをしたら水で流してください。

ひとやすみ

また いかなきゃ

あ！
ここの
におい
なんか
すきかもー！
うっひょー
たのしー！
こうして
においを
からだに
つければー!!
やったー!!
これで
いつでも
すきな
においを
かげちゃうー!!
シャワー

もう げんかい

なんだか
むしょうに
くさが
たべたい…
おなかの
ぐあいが
わるいのか…？
そういうときは
飼い主が
栽培
している
草なら
大丈夫！
はっ！
そうか!!
モグ
モグ
モグ
モグ
もっと
ぐあい
わるく
なった
きが…
それは
たべすぎ
では

5章

体のヒミツ

イヌの体に隠されたヒミツをご紹介。
わたしたちの体って、こんなにすごいんです！

しっぽが勝手に動いちゃう！

#体　#しっぽが動く　#興奮

興奮しているのでしょう

もしや、自分のしっぽの動きに今まで気づいていなかったのですか？　わたしたちのしっぽは気持ちと連動していて、興奮してくるとしっぽがブンブン動くのです。うれしくて興奮しているときも動くし、恐怖や攻撃的な意味で興奮しているときも動きます。でも、飼い主の多くは「しっぽを振っているときは喜んでいる」と思いこんでいるんですよ。プラス思考なんですかね。怒っているときもあるんだから、表情や行動も総合的に見て判断してもらいたいですよね！

飼い主さんへ　忘れないでいただきたいのが「興奮＝楽しい」ではないということ。しっぽを振っていても、腰が引けていたり、吠えていたりしたら、こわい思いをしている可能性が高いです。「しっぽを振っているから喜んでいる」などと、安直な判断はやめてくださいね。

Column

しっぽは感情のバロメーター

気持ちの変化に合わせて無意識に動いてしまうしっぽは、わたしたちの感情のバロメーター。しっぽの動きを見れば、イヌの気持ちを知るヒントになりますよ。

ピンと立っている

目の前のものに興味を示し、好奇心が高まっている状態です。

ぐるんぐるんとまわっている

遊びモード全開！　楽しいあまりハイテンションになっています。

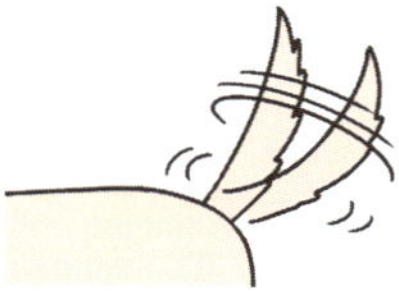

低い位置に下がっている

ようすをうかがいながらも、いやな予感がしている状態です。

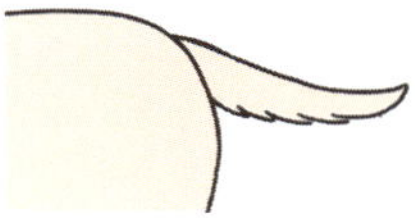

小刻みに振っている

しっぽを小刻みに振るのは警戒心の表れ。緊張しているのかも!?

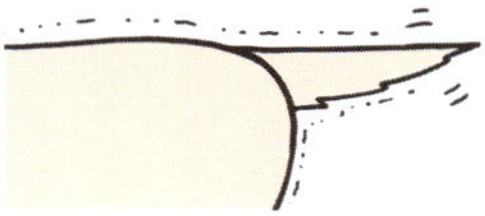

ひとえにしっぽといっても、犬種によってその形はさまざま。一番オーソドックスなのは、まっすぐな尾から羽のような毛が下がっている形で、「飾り尾」とよばれています。そのほかにも、くるっと巻いた「巻き尾」は柴犬に多く、途中からカーブしたしっぽは「鎌尾《かまお》」とよばれ、チワワやハスキーなどに多いです。

近くのものがよく見えません

＃体　＃視覚

見えないときは鼻でクンクン、においで情報収集できます

目の前のボールに気づかずウロウロ。これってイヌのあるあるですよね。わたしたちの目は「狩り仕様」なので、遠くのものを見たり動くものをキャッチしたりするのは得意な反面、近くのものには焦点が合いにくいんです。でも、そこはほら、わたしたちには優秀な鼻があって、においでいろいろ判別できちゃうじゃないですか。散歩中も、足もとには目に見えないたくさんの情報が落ちているんですよ。クンクンかいでみれば、誰が通ったのか、ちゃーんとわかるでしょ！

飼い主さんへ　においでなにかを判断できるのは、今までの経験からの学習によるところが大きいです。たとえば、「楽しく遊んだ場所のにおい」とか、「とても苦かったカーペットのにおい」とか。今後もいろいろなにおいに触れさせてもらって、学習できるとうれしいです。

壁からごはんの音がする

#行動　#壁を見つめる

わたしたちは人間より ずっと耳がいいんですよ

そんなに壁をじっと見ていたら、飼い主がこわがってしまいますよ。見ているのではなく、本当は聞いているんですけどね。人間の聴力は、イヌの4分の1〜10分の1程度なんだそう。だから今、隣の家で袋を開ける音がしたのも飼い主には聞こえていないし、それを聞いたあなたが「ごはん食べたい」と思っているなんて予想もしていないのでしょう。あなたは立ち耳だから、遠くの音がよく聞こえるんですね。たれ耳のイヌは、近くの音を聞くほうが得意なんですって。

飼い主さんへ 壁を見つめていると、十中八九ユーレイが見えていると勘違いされるんです。まれにそういうこともあるかもしれませんが（笑）、大抵は壁の向こうの音を聞いています。勝手に決めつけて大騒ぎするなんて、飼い主の思いこみにも困ったものです。

ペロペロ……体をなめると落ち着く♪

#行動　#体をなめる　#カーミングシグナル

心は落ち着きますが やりすぎは皮膚病のもと！

自分の体、家具の一部、飼い主の手のひらなど、なにかをペロペロなめると不思議と落ち着くんですよね。112ページでも少しお話ししたのですが、舌を出し入れしていると、心拍数が安定してくるのです。あ、心拍数っていうのは、一定の時間内に心臓が……え？ 難しい？ 要は気分が安定するということです。だけど、なめすぎにはご注意ください。皮膚の病気になってしまうと痛～い思いをしますからね。体をなめるより、魅力的なおもちゃを用意してもらいましょう。

飼い主さんへ イヌが自分の体をなめていたら、上手に意識をそらすようにしてください。おすすめは、フードを入れたコングを与えること。中のフードをとろうと舌を出し入れすることで、体をなめるのと同様に気持ちを落ち着けることができます。

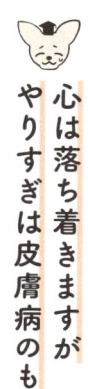

暑い……

#体　#舌を出す　#呼吸が荒い

舌を出して口を大きく開け、体温調節をしましょう

日本の夏は暑い。なにが暑いって地面がもう……。真夏の道路は灼熱《しゃくねつ》地獄です。夏の地表温度は60℃を超えるともいわれ、イヌは地面に近いぶんダイレクトにその暑さを感じてしまうのです。外を歩くときはとくに気をつけないと。そもそも、イヌには体温を下げる機能があまり備わっていません。人間は汗をかいて体温調節しますが、イヌは足の裏にしか汗腺がないんです（150ページ）。汗の代わりに口を大きく開けて空気をたくさんとりこみ、体温を下げましょうね。

飼い主さんへ　運動したわけでもないのにハアハアと荒い呼吸をしているときは、部屋の温度や湿度が高すぎるのかも。イヌにとって快適な室温は24℃前後で、湿度は40〜60%くらいが理想です。また、舌を出していると喉《のど》もかわくので、お水の用意もお願いします！

器用に水が飲めません

#体　#水の飲み方

舌の裏ですくい、引き上げた水もパクッ！

器用に水が飲めないというあなた、もしかして子イヌのころ給水器を使っていませんでしたか？ 最近、多いんですよ。給水器を使っていたために、お皿から水を飲む方法がわからないという子が。いいですか、イヌは平皿で水を飲むのが本来の飲み方なんです。舌を後ろに巻いて杓《しゃく》のような形にして水をすくい上げる。それだけでは飲める量はわずかなので、水をすくったときにできる水柱もパクッといただくわけです。まあ、上手に飲めてもまわりは水浸しになりますけどね。

飼い主さんへ

「イヌならば水は平皿から飲むもの！」とは言いましたが、ひとりでお留守番をするときなどは給水器もつけておいてもらえると安心です。平皿だけだと、万が一お皿をひっくり返してしまったときに水が飲めなくなってしまいますから。

Column

＼スクープ！／

水を飲みながら呼吸できるのはイヌだけだった！

わたしたちって、水を飲むとき、同時に呼吸をしていますよね？　実はこれって、人間にはできないことなんです！　わたしたちイヌは人間と違って、水を飲むときに喉頭蓋《こうとうがい》が気道をふさぐことがありません。こうしたしくみによって、ゴクゴクと水を飲みつづけても、全然苦しくならないんですよ！

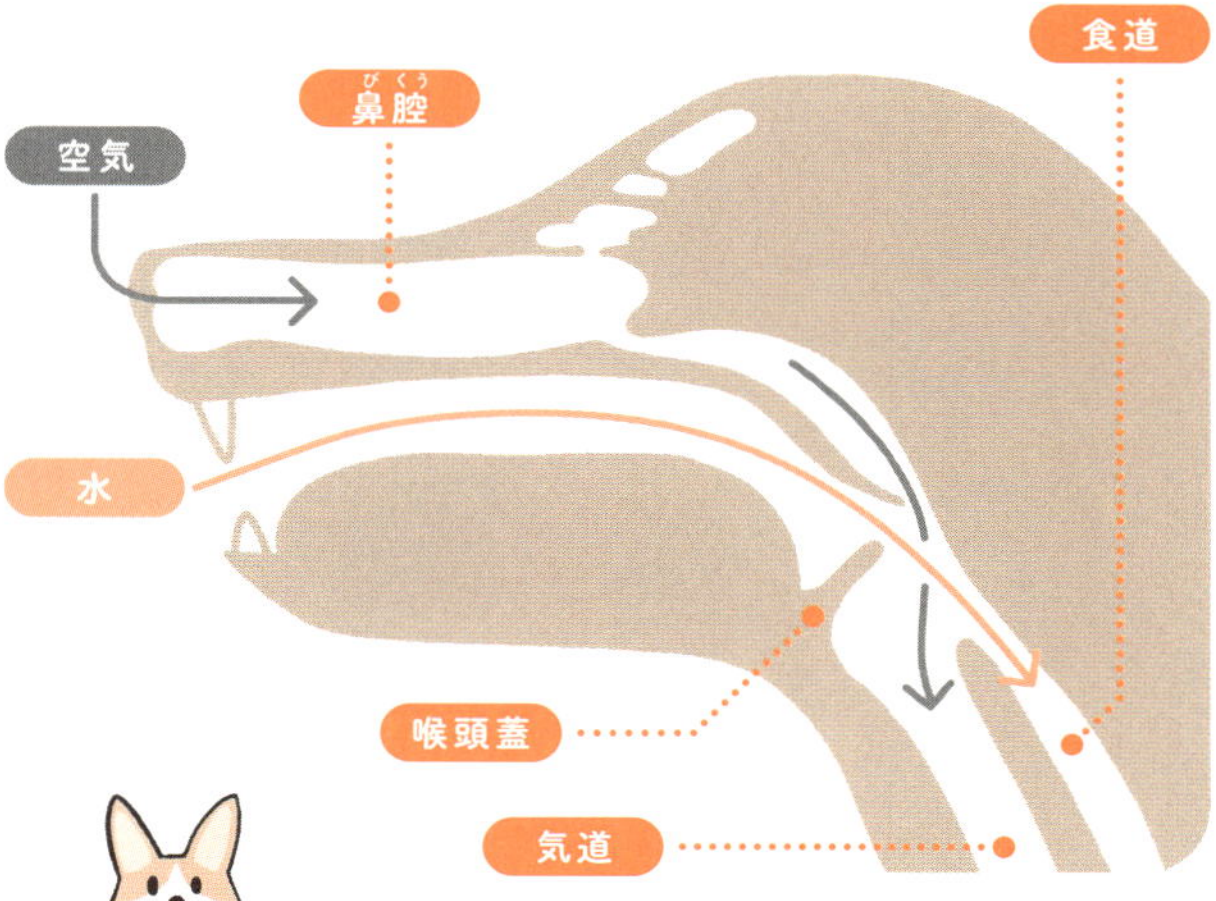

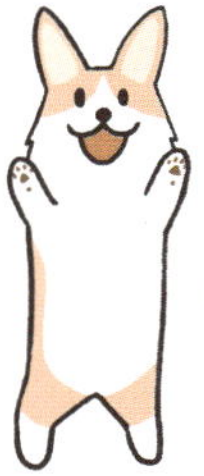

走りまわったあとに水をゴクゴク飲んでいると、やけに飼い主が心配してくると思っていたんだけど、人間は水の一気飲みが苦手だったんだね～！

黒い板にコマ送りの映像が！

＃体　＃動体視力

それはテレビという機械。人には動画に見えているんです

いつも家族の視線を集めているうらやましいアイツ、「テレビ」のことですね。昔はわたしも、なぜ飼い主たちはあんなチカチカしたものを見るのか不思議でした。でも、最近わかってきたんです。飼い主にはあれが動画に見えているんだって。あれがコマ送りに見えるのは、わたしたちの動体視力が優れているからこそだったみたいです。だけど最近じゃ、テレビもようやくイヌの視力に追いついたようで、かなりスムーズに見えるようになってきましたよ。

飼い主さんへ　最近は、テレビに映るイヌを自分たちと同じイヌだと理解できる子が多いです。わたしは毎朝、情報番組のイヌコーナーを楽しみにしていますが、なかにはイヌの映像に恐怖を感じる子もいます。こわがるそぶりが見られたら、テレビを消してくださいね。

外でものすごく大きな音がします

#生活　#大きな音　#花火

夏の恒例行事 花火大会がやってきたのでしょう

窓辺で夜風に吹かれていると、急に外からドッカーンと大きな音がすることがあります。「一体なにごとなの!?」と、パニックになるイヌもいますが、その音の正体は「花火」というもので、人間の世界では夏の風物詩らしいのです。まったく迷惑な話ですが。人間より耳がいいわたしたちは、もともと大きな音が苦手。しかも花火のように、何発も打ち上げられては、恐怖以外の何物でもありません。花火大会の日はせめて窓を閉めてほしいと、飼い主にお願いしてみましょう。

飼い主さんへ　車のエンジン音やクラクション、工事の音、子どもの叫び声、ボールをつく音などに驚き、パニックを起こしたイヌがリードを振りほどいて脱走してしまった……という話をよく聞きます。大きな音が苦手だというイヌの習性を理解し、注意してください。

苦しくないのに、フゴフゴしちゃう

#体　#呼吸

ほかのイヌより鼻が短い「短頭種」にありがちですよ

フレンチ・ブルドッグのあなたは「短頭種《たんとうしゅ》」といって、ほかのイヌよりも鼻が短いんです。ほかにも、パグやシー・ズー、ボストン・テリアなんかもそうですね。鼻が短いぶん鼻孔《びこう》の面積が小さいため、激しい呼吸がつづくと、気管の入り口がふさがってフゴフゴと音がしてしまうのです。こうした特徴から、呼吸による体温調節が苦手な短頭種のみなさんは、暑さに弱く熱中症になりやすいので、注意してください。暑いときは涼しい場所に避難しましょう！

飼い主さんへ　こうした熱中症への懸念から、短頭種のイヌは飛行機での輸送を受け入れてもらえないことも。また、鼻というガードがほかの犬種より小さいぶん、目の病気やケガも多くみられます。涙が多いなどの異変があるときは、早めに動物病院を受診してください。

鼻が湿っている……!?

#体　#鼻が湿っている　#嗅覚

健康なイヌの鼻は いつでも湿っているもの

わたしたちイヌの鼻って、実はと〜っても優秀なんです。自分の鼻をまじまじ観察することはできませんが、よく見ると小さな溝がたくさん入った構造になっているんですよ。この溝を「鼻鏡《びきょう》」といい、鼻鏡を湿らすことでにおい成分をより吸着しやすくしているのです！　こうしたしくみのおかげで、人間よりも嗅覚が優れているんですね。さらに、鼻鏡の水分の渇き具合を感知すれば、今吹いている風の向きまでまるわかり！　鼻も使いようですね♪

飼い主さんへ　わたしたちがにおいの探知をお休みしているのが睡眠中。眠っている間はにおいを感じる必要がないので、鼻鏡も乾燥しているのです。ときどき、おうちでのんびりしているときに鼻が乾くこともありますが、リラックスできている証拠ですので、ご心配なく！

ボールの違い？……わかりません

＃体　＃視覚

イヌは人間ほど色を鮮やかに見ることができません

飼い主に「どっちがいい？」と聞かれたけど、2つのボールの違いがわからず困っているのですね。それもそのはず。わたしたちイヌには、目で認識しにくい色があるのです。たとえば「赤」とか。きっとあなたの飼い主は、赤と緑のボールを持っているんだと思いますよ。だけどこの2色、われわれイヌには同じような色に見えちゃうんですよね～。赤はどうやら、わたしたちの首輪としても人気の色らしいのですが……一体どんな色なんでしょうね！

飼い主さんへ

お察しのとおり、芝生の上でのボール遊びに赤いボールを使われると、ちょっぴり苦労します。見失ったときに、ボールが地面に同化してしまいますからね。とはいえ、わたしたちの絶対的な嗅覚があれば、最後には必ず見つけ出すことができるでしょう。

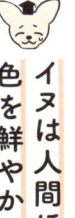

ぼくってきらわれているの……？

#体　#視覚

“得《え》体《たい》の知れない大きなもの”なんて思われているのかも！

おやおや、なにをそんなに悲しんでいるんです？　まわりからきらわれているように感じる？　それはかわいそうに。おそらく原因は、あなたの毛色にあると思います。視力があまりよくないわたしたちは、黒くて大きなものには本能的に恐怖を抱くのです。ほら、あなたって大きいし、真っ黒でしょ？　下手をしたらイヌだと思われていないのかもしれないので、まずはイヌ流の方法で遊びに誘ってみましょう。プレイングバウ（42ページ）のやり方は知っていますよね？

飼い主さんへ　わたしは散歩中、車のライトによって大きく映し出された自分の影に驚いた経験があります。急に間近に自分の体よりも大きなものが現れると、ひどくとり乱してしまうものなのです。楽観的に見えて、そういうところは意外とデリケートなんですよ。

足の裏から水が！

＃体　＃肉球に汗をかく

それは汗。肉球は唯一、汗をかく場所です

お医者さんへ行ったとき、診察台の上で肉球がじっとりと湿った経験、ありますよね？　足の裏から出てきたその水はあなたの汗。緊張して汗をかいたのですね。人間でいうところの冷や汗と同じです。前にもお話ししましたが、イヌは足の裏にしか汗腺がありません。体は厚い被毛でおおわれていますからね……。人間のように体から汗をかくと、汗で毛が濡れ、必要以上に体温が下がっちゃうんです。そうならないように、理にかなった体のつくりになっているんですよ。

飼い主さんへ　イヌは体が小さいぶん、脱水状態にもなりやすいです。暑い時期はとくに、水分補給をきちんとさせてくださいね。ハアハアと荒い呼吸をくり返し、ボーッとするようなしぐさが見られたらそれは熱中症のサインかも。こうしたしぐさを見逃さないでください！

体をかいてもらうと、足が動く

#体　#足が動く　#反射反応

気持ちよくって反射的に動いちゃうのです

かゆいところに手が届かない！　人はそんなとき、「まごの手」という道具を使うのだそうです。うらやましいですね～。でも、わたしたちには伝家の宝刀、「飼い主の手」があります。首まわりやおなかなど、自分では届かないポイントをかいてもらいましょう。このとき、思わず足が動くのは反射反応によるもの。自分がかいているときの気持ちよさを思い出して、無意識に足が動いてしまうんです。止めようもないし止める必要もないので、思う存分動かしていいですよ。

飼い主さんへ　飼い主にかいてもらうとうれしいのは、どうがんばっても自分ではかくことができない、体の中央のラインです。ふだんわたしたちが後ろ足でするみたいに、カキカキカキ……とお願いします。想像しただけで足が動いてしまいそうです！

なんだかイライラする

#気持ち　#イライラ

発情期にはホルモンバランスが乱れがちになります

散歩へ行っても、飼い主と遊んでも、ごはんを食べても、なんだかイライラして落ち着かない！　そんな時期ってありますよね。年に2～3回訪れるその時期を、飼い主たちは「発情期」とよんでいます。このときの自分はいつもの自分じゃないみたいですって？　それはホルモンのバランスが乱れるのが原因だと思います。いつも以上に気が立って、お友だちにきつく当たってしまうこともあるでしょう。この時期は、ほかのイヌと必要以上にかかわるのは控えたほうがいいかも。

飼い主さんへ

発情期にはメスをめぐるケンカも多くなります。未避妊、未去勢の子を飼っている場合は注意しましょう。また、発情期にメスが発するフェロモンは、半径2キロ程度まで広がるといわれているので、近くにイヌがいなくても発情の可能性は十分に考えられます。

毛並みの色が変わってきたみたい

#体　#退色

被毛の退色は加齢とともにみられる現象です

ご自慢の毛並みに変化が出てきて、ややご不満なようですね。年を重ねることで人間の髪の色が白くなるように、わたしたちの毛並みも少しずつ色がうすくなっていく。これはあらがいようのないことです。気休めにしかならないかもしれませんが、飼い主に念入りにブラッシングをしてもらえば、血行がよくなって多少は効果が出るかも……。けれど退色は自然なことなので、気にしないのが一番。気にやめば、それだけストレスになりますからね。

飼い主さんへ　加齢による退色はある程度は仕方ないものですが、被毛の色ツヤをきれいに保てるかは飼い主しだい。毎日のブラッシングや定期的なシャンプーをきちんと行い、被毛を清潔に保ちましょう。また、ストレスをためさせないことも大切です。

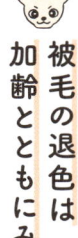

どんどん毛が抜けるんだけど……

＃体　＃毛が抜ける

それは換毛期。わたしたちの衣替えの時期です

毛が抜けるのはあなたの毛が生まれかわるため。なかでも、とくに抜ける時期は「換毛期《かんもうき》」とよばれています。あたたかくなってくる春には風通しのよい夏毛に、寒くなる秋には保温性ばっちりの冬毛に生えかわるんです。ブラッシングがきらいな子もこのときばかりは我慢して、飼い主に古い毛をとってもらいましょう。あ、でも、最近は換毛期がないイヌもいるようです。気温差の少ない生活をしている室内犬に多いとか。わたしたちも日々進化しているのですね。

飼い主さんへ　春〜夏にかけての換毛期は、犬種によっては、あっと驚くほどの量の毛が抜けることも！　抜けた毛が残ったままだと、皮膚の通気性や新陳代謝が悪くなってしまいます。そのため、この時期にはいつにも増して入念にブラッシングしてください。

Column

換毛期があるイヌ、ないイヌ

イヌの被毛は、「ダブルコート」と「シングルコート」という2種類に分かれます。ダブルコートというのは、被毛が二重になっている構造のことで、皮膚を保護する上毛を「オーバーコート」、保湿や保温の役割をする下毛を「アンダーコート」とよびます。ダブルコートの犬種は、アンダーコートが一気に生えかわる時期がありますが、シングルコートの犬種は1年を通して少しずつ毛が生えかわるため、換毛期とよばれる時期がありません。

ダブルコート

チワワ

柴犬

ゴールデン・レトリーバー

コーギー

シングルコート

トイ・プードル

ヨークシャー・テリア

フレンチ・ブルドッグ

シングルコートだからといってグルーミングが必要ないわけではありません。シングルコートの犬種も毛の生えかわりはありますので、定期的にブラッシングをしてもらいましょう。

お母さん、どこかな～？

#体　#鼻で温度を探る

鼻で温度を探ってみましょう！あたたかいのがあなたの母親です

イヌは誰しも、生まれたときは目が開いていません。生後10日ほどたって、ようやく目を開けることができるのです。ではその間、どうやって母親を見つけるのかって？　答えは「鼻で探る」です。

生後間もない子イヌの鼻にはセンサーのような機能が備わっていて、目が見えなくても母親のぬくもりを感じることができます。このセンサーは成長するにつれて消えてしまうようですが、成犬になれば視覚や嗅覚で飼い主を探せるようになりますよ。

飼い主さんへ　生まれたばかりの子イヌは目だけでなく、耳も閉じています。ですが鼻の感覚だけは生まれた直後からすでに機能しているといわれています。母親やきょうだいのぬくもり、ミルクのにおいなど、イヌが最初に学習するのが温度やにおいに関する情報なのです。

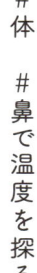

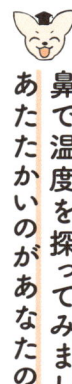

いいにおい！　よだれが止まらない！

#体　#よだれ

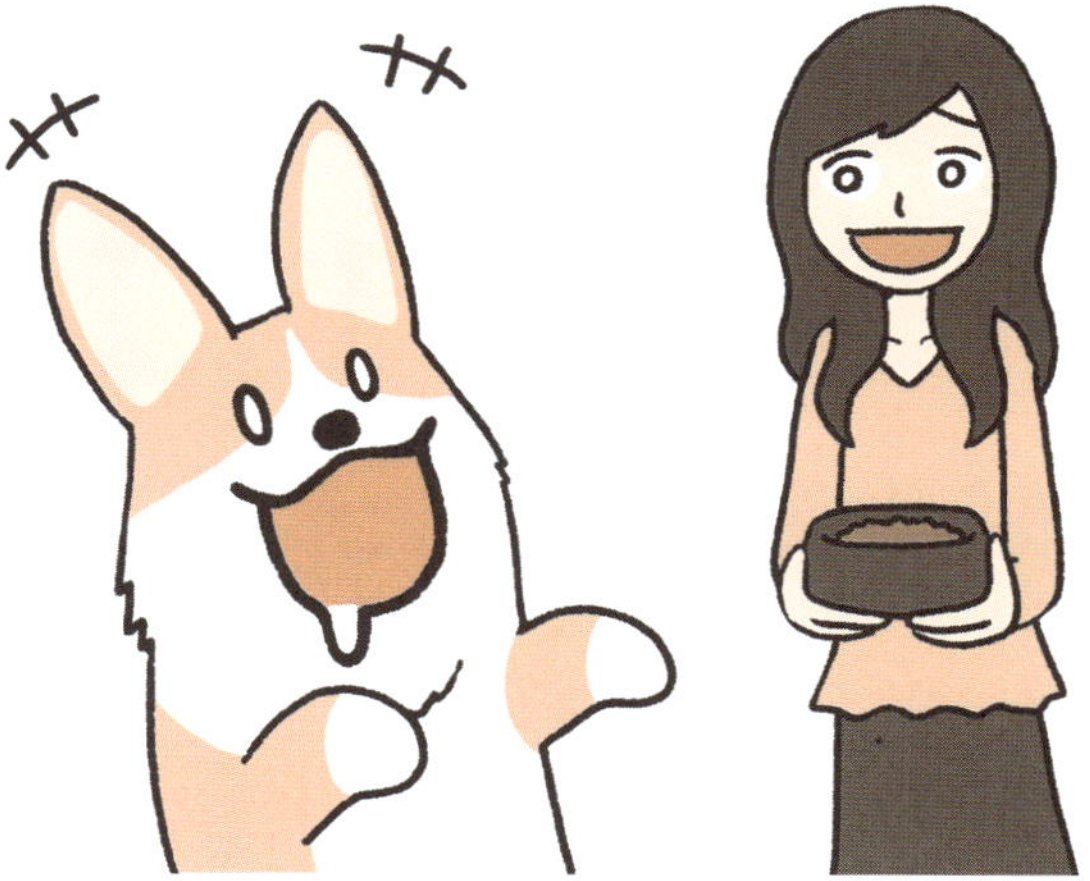

ごちそうの味を思い出して よだれが出ちゃうんですね

おいしいものを前にしたら、よだれが出てしまうのは当然です。自分では止められない生理現象なので、思いっきり出しちゃっていいんですよ。え？　床が汚れちゃう？　そんなの気にしな～い！　ごはんを前にして「マテ」をさせている飼い主がいけないんです。水たまりができるくらい汚してやりなさい。……で、飼い主さん、「ヨシ」はまだですか？　「ヨシコさん」とか「ヨシオカさん」とか言って遊ぶの、いい加減うんざりです。……あ、見ているこっちまでよだれが！

飼い主さんへ　ごはんのおいしさは、味よりもにおいで判断しがち。当然、香りがいいフードのほうが食いつきがよくなります。ドライフードをお湯でふやかしたり、ゆでたササミをちょっとトッピングしたりするだけで、たちまちごちそうになるから不思議です！

フードファイターに向いてるかも

#体　#食いだめ

食いだめは野生時代からの本能です

そうですねぇ。わたしたちイヌの辞書には「食べ物を残す」という言葉はありませんからね。「今食べられるものは食べつくす」がイヌの食事のルール。飼いイヌはなにもしなくても毎日ごはんが出てくるというありがたい生活をしていますが、野生下では2～3日食べられないのは当たり前。だからつい、無理してでも食いだめしちゃうんですよ。ところで、フードファイターって吐いてもOKですか？　吐いても食べつづけていいならイヌの右に出る者はいないと思います。

飼い主さんへ　本能に従って「出されたものは全部食べる」のがイヌですから、食事の量の管理は飼い主がお願いします。また、早食いが気になるようでしたら、コングなどにフードをつめて、一度にたくさん食べられないように工夫するのもよいかもしれません。

Column

肥満度チェックをしよう

肥満になると、四肢にも負担がかかるし、感染症へのリスクも高まります。また、万が一大きな病気をしたときに、脂肪がじゃまで手術ができないなんてことも……！　そんなことにならないように、まずは自分が肥満かどうかをチェックしてみましょう。

ひとつでも✔が入ったら、ダイエットを考えたほうがいいかもしれません。

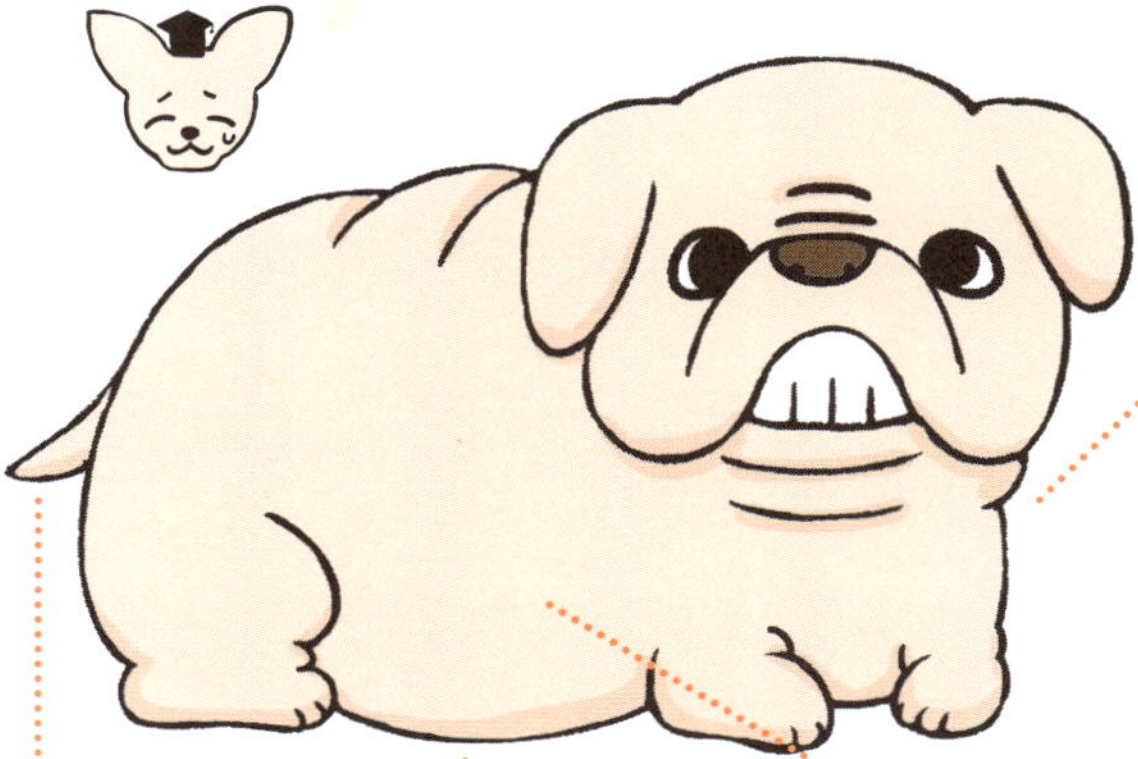

□ **首、アゴの下**

首の後ろやアゴの下に脂肪がつき、タプタプとたるんでいる。

□ **しっぽ**

オスワリをしたときに、しっぽのつけ根の脂肪がもりあがる。

□ **おなか**

上から見たときにくびれがなく、おなかがポッコリしている。

□ **ろっ骨**

飼い主に強く押されても骨に届かないくらい脂肪がついている。

ネコ舌ってなんですか？

#体　#ネコ舌

熱いものが苦手だという意味。イヌだってネコ舌です

人間は、熱いものを口にするのが苦手な人のことを「ネコ舌」とよびます。ネコが熱いものが苦手なことになぞらえているようですが、それはイヌも同じ。なぜ「イヌ舌」という言い方はしないのかと、わたしは以前から疑問に思っていました。

そもそも、わたしたちが熱い食べ物が苦手なのは、野生時代に動物の体温以上の温度のものを食べることがなかったから。人間のように火を使って調理をすることはないので、当然ですよね。

飼い主さんへ　フードをふやかしたり、だし汁をかけてくれたりすることも多々あると思いますが、その際は人肌程度に冷ましてから与えてくださいね。おいしそうなにおいに飛びついたら舌をやけど、なんてことになったら、ごはんを食べるのがこわくなってしまうので……。

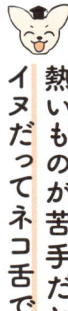

ごはんに飽きるってどういうこと？

#生活　#食事

人間はぜいたくな生き物で毎日同じ食事だと飽きるんだそう

ちょっとこれ、驚きじゃないですか⁉ 毎日同じものを食べるのがいやだなんて、人間ってどこまでぜいたくなんでしょう……。一方、わたしたちイヌはというと、毎日同じフードで全然大丈夫。そんなことを気にするほうが野暮ってもんです。むしろ、急にフードが変わったら「いつもと違う……？」とあやしんでしまうかも。もしも飼い主がフードに飽きていないかと心配していたら言ってやりましょう。「フードを変えるよりも、トッピングにササミをつけて♡」ってね。

飼い主さんへ　わたしたちのフードの適正量は、年齢や性別、代謝などによって差が出てきます。そのため、パッケージに記載されている量がすべてイヌに合うとは限らないのです。標準よりも太っているときは量を減らすなど、愛犬にとってベストな量を探ってくださいね。

辛いってどんな味？

#体　#味覚

舌がピリピリするんだと飼い主が言っていました

イヌは人間でいうところの「辛い」という感覚に鈍感です。そもそも、イヌの舌は痛覚が人間ほど発達しておらず、「辛い」という感覚にはとくにうといのです。トウガラシなどに含まれる成分は体に悪いですし、塩分だってそこまでとる必要はないので、辛さを感じる必要がなかったのが理由だと思います。飼い主はときどき「あ〜辛いもの食べたい！」と言い出すかもしれませんが、間違っても「ひとくち味見……」なんてことのないように！

飼い主さんへ　トウガラシに含まれるカプサイシンは、イヌの胃腸に大きな負担をかけます（93ページ）。おなかをこわしてしまい、悪化すると胃腸炎になることも……。どんな食べ物にも興味をもつわたしたちですが、胃腸を刺激する「辛いもの」は食べさせないでくださいね。

飼い主、足が遅いな〜

#体　#足が速い

あなたにとっては準備運動でも それが飼い主の全力疾走なのです

追いかけっこの最中に、気づいたら飼い主がへばっていた、なんてことはよくある話です。あなたは準備運動くらいのペースで走っていたのでしょうけど、飼い主は全力疾走だったんだと思いますよ。イヌと人間では、走る速さも体力も断然イヌのほうが上なのです。人間の100メートルの最速タイムが9秒58（時速37・6キロ）なのに対し、イヌは時速70キロほどで走る犬種もいますからね。尊敬する飼い主よりも優れたポイントがあるなんて、ちょっとうれしいですね！

飼い主さんへ 実際のところ、イヌの体力にも個体差があります。運動をしたときに息が上がっているようなら疲れている証拠ですので、呼吸をもとに愛犬にとって適度な運動量を判断してください。同じ運動でも、興奮しているかいないかで、体力の消費量にも差が出ますよ。

ひとやすみ

2つのいみで のみこみにくい

おみずがうまくのめないの・・・
はっはっはっそういうときは！
お水を舌のうらですくって飲むといいですよ！
舌はまず後ろ側に巻いて杓のような形にしてすくい上げた水もパクッと一緒に食べるように…
そんないっぺんにいわれてもー!!
うわーん
えー!? そんなにむずかしいですかー!?

ちがいの わかる いぬ

ドーン
ギャー!!
ドドーン
ワー!!
はなびキライ!! キライ!!
ちょううるさいし からだはなんかビリビリするしー!!
そのはなびはいいですね

6章 イヌ雑学

思わず誰かに話したくなるトリビアが満載。
コミュニケーションの幅も広がるかも!?

ぼくたちの祖先って？

＃雑学　＃祖先

祖先はオオカミさんです

オオカミを家畜化したものがわたしたちイヌの祖先だと考えられています。言われてみれば、鋭い目つきにふわふわのしっぽ、カッコイイ雰囲気なんかはオオカミさんそっくりですよね！

以前、アメリカの科学者が85犬種の遺伝子を調べ、どの犬種が一番オオカミに近いか比較しました。すると、オオカミに最も近い遺伝子をもっていたのは柴犬だということがわかったのです！　柴犬さん、おめでとうございます。胸を張っていいですよ！

飼い主さんへ

オオカミがいつ、どのようにイヌへ進化していったかはさまざまな説がありますが、DNAを調べたところ、オオカミからイヌへの進化には少なくとも13万年以上の歳月を要することがわかったそう！イヌの誕生には、長い年月がかかっていたんですね。

昔から日本で暮らしてたのかな？

#雑学　#歴史

日本での暮らしは なんと7000年以上！

イヌが日本へやってきたのは、なんと7000年以上も昔のこと。縄文時代の遺跡の中にイヌを埋葬したと思われる跡があったことから、このころにはすでに人間といっしょに生活していたことがわかっているそうです。当時のイヌは「縄文犬」とよばれ、火の見張り番や、集落に危険を知らせる番犬としての役割を果たし、対価としてごはんを分けてもらっていました。さすがはわたしたちイヌの祖先だけあって、昔からとっても優秀だったようです！

飼い主さんへ

大昔から、イヌは人間のパートナーとして大切にされてきました。江戸時代、5代将軍の徳川綱吉が民衆を困らせるほどのイヌ好きだったことは有名な話ですね。そのほかにも、聖徳太子、藤原道長、西郷隆盛も大のイヌ好きとして知られていますよ。

誰かの役に立つ仕事がしたいです

#雑学　#仕事

盲導犬や聴導犬、警察犬として活躍しているイヌも

イヌとして誰かの役に立ちたいなんて、たいへん立派な心意気です。飼い主もたいそう喜んでいることでしょう。あなたのようなゴールデン・レトリーバーさんのなかには、盲導犬として活躍しているイヌもいますよ。目の不自由な方の手助けをし、安全に誘導するのが仕事です。そのほかにも、鋭い感覚や運動能力をいかして警察犬としてお仕事をしているイヌや、優れた嗅覚をいかして災害救助犬として活躍しているイヌも。同じイヌとして、鼻が高いですね。

飼い主さんへ　盲導犬や聴導犬などとして仕事をしたイヌは、一定の年齢で現役を引退します。その後はボランティアの家庭に引きとられ、新しい生活をスタートさせるのです。イヌが人の役に立てるのも、こうしたしくみが整っているからこそなんですね。

Column

イヌのお仕事遍歴

古代から人間といっしょに暮らしてきたわたしたちですが、お仕事の内容は少しずつ変化してきました。

ずっと昔から人の役に立つ仕事をしてきたんですよ！

古代

このころのイヌは、作物を守るためにネズミを捕ったり、火の番をしたりしていました。

中世～近世

中世は、主に猟犬として人間の狩りの手伝いをしていました。近世になると、1896（明治29）年にドイツではじめて警察犬が登場します。

ホンネ駅

現代

イヌの仕事が多岐にわたりはじめます。盲導犬や聴導犬のほかにも、お店や駅の看板犬やタレントなど、さまざまな職につくイヌが増えてきました。

このヘアスタイル、オシャレなの？

#雑学　#ヘアスタイル

プードルカットは水猟犬時代に生まれました

このヘアスタイルも最近では少なくなりましたが、今でもプードルといえばこの姿を思い浮かべる人が多いよう。ですがそもそも、なぜこんなヘアスタイルが生まれたかをご存じですか？　もともと水猟犬として活躍していたプードルは、水辺で機敏に動きまわる必要がありました。そのため、水の中でも動きやすいよう体の毛はそって、頭や関節、おなかなどの大切な場所だけは毛を残すというスタイルがとられたんです。当時はオシャレより、仕事の効率重視だったんですね。

飼い主さんへ　愛犬の毛をかわいくカットし、オシャレを楽しみたいという飼い主も多いことでしょう。トリミングは大切なことですが、イヌの毛を染めたりパーマをかけたりするのは絶対にやめてください。皮膚や被毛を傷つける原因になります。

ひとりで家へ帰れるかな……？

#雑学　#帰宅

100キロ以上の道のりを自力で帰ってきたイヌも！

散歩中にもし迷子になったら……な～んて、ちょっぴり臆病になっているのですね。生まれつき「帰巣《きそう》本能」が備わっている動物もいますが、イヌの帰巣本能については、残念ながら詳しく解明されていません。

ですが、イヌが自力で家に帰ってきたという事例は、世界中で報告されています。たとえばアメリカでは、家から100キロ以上離れたところで迷子になったイヌが、数日後に家の近くで発見されたという話も！　よっぽど記憶力がいいイヌだったんですね。

飼い主さんへ　体の中に迷子札代わりのマイクロチップが入っていれば、保健所や動物病院などにある専用のリーダーで情報を読みとり、飼い主に連絡してもらうことができますよ。災害や事故などで飼い主と離ればなれになっても、帰って来られる可能性が高くなります。

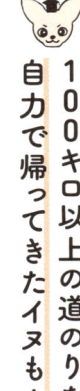

ご長寿でギネスブックに載りたい！

＃雑学　＃長生き

29歳5か月以上長生きしましょう

現在ギネスブックに掲載されている世界最高齢のイヌは、オーストラリアン・キャトル・ドッグさん。1910年から1939年まで、実に29年と5か月も生きていました。たとえば小・中型犬の場合、1歳までに人間でいう15年分くらいの歳をとり、その後は年に4～5歳分くらいのペースで成長するといわれています。つまり、この方の年齢を人間の年齢に換算すると、100歳をゆうに超えていたことになるのです。この記録を更新できるようがんばりましょう！

飼い主さんへ　イヌの健康には、飼い主のサポートが不可欠。食事や睡眠、運動、お手入れ、健診など、どれも健康に欠かせないことですが、飼い主の協力なくしては、どうすることもできないからです。イヌと飼い主が一丸となって、いっしょにギネス記録を目指しましょう。

Column

長生きするためにできること

食べ物や医療が発達したおかげでイヌ全体の平均寿命はだいぶ長くなり、現在ではおよそ14.19歳*といわれています。1990年には8.6歳という調査結果がありますから、みなさんの健康意識が高まったことがうかがえますね。今後も飼い主と長くいっしょに暮らしていくために、以下のことに気をつけてみましょう。

正しい食生活

年齢に合ったドッグフードを主食に。人間の食べ物は塩分や油分が多いため、口にしないほうが◎。

適度な運動

毎日しっかり体を動かしましょう。運動不足は体力の低下を招き、老化を早める原因になります。

お手入れ

シャンプーやトリミング、歯磨き、耳掃除などを定期的にしてもらい、体を清潔に保ちましょう。

ストレスケア

ストレスをためないことも、とても大切。自分なりのストレス発散方法を見つけられるといいですね。

*（一社）ペットフード協会　平成29年全国犬猫飼育実態調査より

ボールを追うの、ワクワクする！

＃雑学　＃好きな遊び

イヌの本能を刺激される遊びは ワクワク感が増すもの

あなたのようなトイ・プードルや、ラブラドール・レトリーバー、アメリカン・コッカー・スパニエルなど、猟犬時代に獲物を回収する仕事をしていた犬種はボールをとりに行く遊びが大好きです。猟を手伝っていたころの血が騒いでワクワクしちゃうのでしょう。飼い主にはお気に入りの遊びにとことん付き合ってもらい、猟犬としての本能を刺激してもらいましょう。遊びによって「回収したーい！」という欲求を満たしてもらえば、ストレスとも無縁な生活ができますよ♪

飼い主さんへ　犬種によって、好む遊びにも違いがみられます。猟犬時代にアナグマ狩りをしていたダックスさんは、飼い主との引っぱりっこには思わず本気になってしまうんだそう。犬種のルーツに注目することは、イヌの本能を刺激する遊び方のヒントになりますよ！

Column

犬種別 好きな遊びをチェック！

わたしたちイヌは、犬種によって得意分野が異なり、得意なことをいかせる遊びが大好きです。好きな遊びを飼い主といっしょに楽しむことができれば、喜びもひとしお。飼い主にも、あなたのお気に入りの遊びを知ってもらいましょう！

追いかけっこ

牧場をかけまわっていた牧羊犬は飼い主と走ったり、ボールを追いかけたりするのを好みます。

例 ボーダー・コリー、シェットランド・シープドッグ、コーギーなど

宝探し

猟犬のなかでも、嗅覚を使って獲物を探して捕まえていた犬種は、宝探しなどの遊びが大好きです。

例 ミニチュア・ダックスフンド、ビーグルなど

水遊び

水辺で猟の手伝いをしていた犬種は泳ぐのも得意！ 水遊びをさせると喜ぶ子が多いです。

例 ゴールデン・レトリーバー、トイ・プードルなど

6章 イヌ雑学

いきなり泳げと言われても……

#雑学　#イヌかき　#水泳

イヌが泳げるとは限りません！

ときどきいるんです。「〝イヌかき〟って言葉があるくらいだし、イヌはみんな泳げるものでしょ？」と思いこんでいる飼い主が。確かに、突然水中に放りこまれでもしたら、本能的にイヌかきするかもしれませんが、実際には泳ぎが得意なイヌとそうでないイヌがいます。ちょっと毛が濡れただけでもビビっちゃうのに、水に入るなんてもってのほかだという子もいるでしょうしね。もしも飼い主が執拗《しつよう》に水遊びをすすめてきても、無理して従わなくていいですよ。

飼い主さんへ　水に映った自分自身に驚き、それ以来水が苦手になったイヌの話を聞いたことがあります。その経験がトラウマになってしまったんですね。そういう子は、シャンプーにも苦手意識を感じるもの。ストレスになりすぎないよう、配慮してください（84ページ）。

いつもよりおやつがいっぱい！

#雑学　#おやつ

おやつは量より断然回数！

よかったですね～！　だけどそのチーズ、実際にはいつものサイズを細かくしただけで、量はまったく変わっていなくて……。うーん、これは黙っておきたかったのですが、口に入れたものをそのまま丸のみしているわたしたちは（184ページ）、量の違いというものがわからないんですよね。わかるのは、のみこんだ回数のみ。そのため、いつもと同じ量のおやつでも、細かくして何回ももらったほうが、満足感がアップするのです。あ、これ、飼い主には内緒ですよ！

飼い主さんへ　トレーニング中におやつをあげすぎていないか心配だという方は、この習性を応用してしまいましょう。1回にあげる量はわずかでも、何回かに分けて食べさせれば十分満足できるんです！　トレーニングのせいでぽっちゃりなんて、カッコ悪いですからね。

ごはんの時間は決めるもの？

＃生活　＃食事の時間

決まっていなくてOKです

おたくの飼い主、なにをそんなに申し訳なさそうにしているんでしょう？「ごはんが遅くなってごめんね〜」と言っていますね。どうやら、飼い主の帰宅が遅れたことで、夕食の用意がいつもより遅くなっていたようです。あなたは気づいていました？

野生下では、獲物をしとめたときが食事の時間でしたが、飼いイヌのわたしたちにとっては、出されたときが食事の時間。「エサがあれば食べる」だけですので、いちいち時間まで気にしていられませんよね。

飼い主さんへ　毎日決まった時間にごはんを出していると、要求吠えの原因になる可能性もあります。食事の時間は一定にしないほうがよいでしょう。ただし、子イヌのトイレトレーニングの最中は例外で、食事の時間を決めたほうが排せつの管理をしやすいです。

ネコよりもグルメってほんと？

#体　#味覚

味を感じる「味蕾」の数はネコよりも多いです

人間も動物も、舌にある「味蕾《みらい》」という器官で味を感知しています。この味蕾の数が多ければ多いほど、味を詳細に感じることができるんだそう。

ネコの味蕾が800個程度なのに対して、イヌの味蕾の数は1700~2000個ほどだといわれています。ネコよりもずっと舌が肥えているんですよ♪　ちなみに、人間の味蕾の数は9000個ほど。やっぱり人間って、グルメなんですね～。味覚ではとうてい、かないそうにありません。

飼い主さんへ

イヌの先祖はもとは肉食でしたが、長く人間と生活をともにしてきたことで、少しずつ雑食へと変化してきました。ほかの動物よりも人とのかかわりが深いぶん、より人に近い味覚になってきたのです。いずれはイヌの味覚も人間並みになってくるのかも!?

仲間がたくさんいるんだよね！

#雑学　#公認犬種　#仲間

国際畜犬連盟で認められているのは344犬種！

わたしたちイヌには、それはもうたくさんの仲間がいるんです。現在、国際畜犬連盟*は344の犬種を公認していますが、非公認犬種も合わせると700〜800種類くらいにはなるといわれています。イヌも本当に大所帯になったものです！

ちなみに、イヌは生物学分類上だと「イヌ科」の「イヌ属」というグループに分類されますが、このイヌ属には、オオカミやコヨーテ、ジャッカルも含まれます。さらに仲間の輪が広がりますね！

飼い主さんへ　最近では、唯一無二の個性をもっているミックス犬も増えてきました。両親の犬種名をとって「マルプー（マルチーズ×プードル）」や「チワワックス（チワワ×ダックス）」などとよばれていますが、これらは国際畜犬連盟で公認された犬種名ではありません。

＊ケネルクラブなどの畜犬団体を統括している団体

Column

知ってた？ 犬種名の由来

犬種の名前にどんな意味があるかご存じですか？　多くは原産国の地名や、見た目の特徴に由来しているものですが、なかには少し変わった由来のある犬種も。ここでは、犬種の名前の由来をいくつかご紹介します。

見た目に由来するもの

パピヨン

フランス語で「蝶」という意味。三角の耳が蝶のように見えることからこの名前がつきました。

シュナウザー

ドイツ語で「口ひげ」を意味します。口のまわりのふわふわした毛が名前の由来です。

役割に由来するもの

ダックスフンド

アナグマ猟をしていたため、「ダックス（アナグマ）フンド（犬）」と名づけられました。

ゴールデン・レトリーバー

撃ち落とされた鳥を回収（レトリーブ）する仕事をしていたことから名づけられました。

地名に由来するもの

チワワ

原産国である、メキシコのチワワ州がそのまま名前になりました。

ラブラドール・レトリーバー

原産国である、カナダのラブラドール地方に由来した名前です。

飼い主が散歩をサボります！

#生活　#散歩

イタリアへの移住をおすすめします

ちょっとちょっと！　イヌの飼い主ともあろうものが散歩をサボるなんて、不届き千万！　散歩へ連れて行ってもらうのはすべての飼いイヌに等しく認められた権利ですから、徹底的に抗議すべきです。イタリアのトリノには、こうしたイヌの権利を守るために、「イヌを1日3回散歩させないと500ユーロ*の罰金」という法律があるんです。イタリアってかなりの先進国なんですね！　飼い主のサボりグセがひどい場合、こうした都市に移住を考えたほうがいいかも。

飼い主さんへ　トリノと同じく1日に3回は難しいかもしれませんが、散歩は朝と夜の2回行けるのが理想。なるべく毎日連れて行ってください。ただ、日没後に散歩へ行くのも本当は考えもの。夏の暑い時期は仕方ありませんが、散歩中は日光浴もできるとよいでしょう。

＊1ユーロ＝130円として、2018年時点で約6万5000円

ひとりでいるのは苦手……

#生活　#孤独　#ストレス

群れで暮らしていたイヌは孤独に弱い動物なのです

わたしたちイヌは、もともと群れで生活していた動物。自分のまわりにはつねに仲間がいるのが当たり前でした。そのため、孤独が苦手なのは当然のことなんです。あなたはふだん、飼い主が仕事から帰ってくる夕方までは、ひとりでお留守番しているんですね。留守番中は眠っていることが多いと思いますが、無意識のうちにストレスをためこんでいることもあるので気をつけて。飼い主が帰ってきたら、昼間のさびしさを忘れるくらいたくさん遊んでもらいましょう！

飼い主さんへ　本来イヌはせまいところのほうが落ち着くものなので、留守番にはクレートやサークルを使うことをおすすめします。トイレと寝室が分かれたサークルを使うか、クレートとサークルを合体させて「庭（＝トイレ）つき一戸建て（＝寝室）」を用意しましょう。

お食事の作法、大丈夫かしら？

#生活　#食事　#丸のみ

基本は丸のみ。それがイヌ流の食事マナー

食事のマナー、確かに気になりますよね〜。もしかして、かまずにのみこんでいたら飼い主に心配されてしまいましたか？　だけど、イヌは基本的に出されたものは丸のみします。野生のころは、しとめた獲物をわれさきにと食べる必要がありましたから、かんですりつぶすという動作をしてこなかったのです。食事のときにはよだれがたくさん出るので、のみこんだ食べ物はスムーズに食道を通っていきますよ。ですから安心して丸のみしてください。

飼い主さんへ　イヌの体は、丸のみしたものもきちんと消化できるよう、胃液がたくさん出るしくみになっているんです。だけど、野生のころには食べていなかった乾燥ジャーキーやガムなどは、一度にたくさん食べると消化できないこともあるので注意してください！

肉球がなんだか香ばしいにおい

#体 #肉球 #香ばしい

においの原因にはバクテリアが関係しています

肉球のにおいを気にしているなんて、あなたもずいぶん意識の高いイヌですね。飼い主たちは肉球のにおいを枝豆やポップコーンの香りと例えているようです。このにおいの原因には、実はバクテリアが関係しています。って、そんなにおびえなくても、バクテリアというのはイヌも人間もみんながもっている細菌のことですよ。この細菌が汗や土のにおいなどと混ざり合い、独特の香ばしさを放っていたんです。心配しなくても、飼い主はこのにおい、けっこう好きみたいです。

飼い主さんへ 肉球のにおいが大好きだという飼い主が多いことには驚きですが、あまりにおいが強すぎるようなら、皮膚の炎症やケガの可能性も考えられます。汚れがたまりやすい場所なので、散歩のあとはとくに念入りにお手入れし、清潔を保ちましょう。

InuGaku Test

○か×で答えよう

イヌ学テスト ―後編―

前編に続いて、4～6章を振り返ります。

めざすは満点のみです！

第1問	しっぽの動きは自分でコントロールできる	[　　]	→ 答え・解説 P.136
第2問	水に入れば泳げるのが当たり前	[　　]	→ 答え・解説 P.176
第3問	食べ物はしっかりかんでのみこむ	[　　]	→ 答え・解説 P.184
第4問	眠くなくてもあくびが出ることがある	[　　]	→ 答え・解説 P.120
第5問	排せつ中に歩くのは地面を踏み固めるため	[　　]	→ 答え・解説 P.132
第6問	色の違いを見分けるのが得意	[　　]	→ 答え・解説 P.148
第7問	出されたごはんは完食するのがふつう	[　　]	→ 答え・解説 P.158
第8問	落ちこむとため息が出てしまう	[　　]	→ 答え・解説 P.118

第9問	**あお向け**で爆睡するのは安心して眠れている証拠	[　　]	→答え・解説 P.130
第10問	イヌは**江戸時代**に日本へ渡ってきた	[　　]	→答え・解説 P.167
第11問	生まれもった**毛の色**は変わらない	[　　]	→答え・解説 P.153
第12問	暑いときは**汗**をかいて体温を下げる	[　　]	→答え・解説 P.141
第13問	おやつは**回数よりも量**で満足度が決まる	[　　]	→答え・解説 P.177
第14問	**大きな音**がする場所は苦手	[　　]	→答え・解説 P.145
第15問	おしりを引きずって歩くのは**注目**されたいから	[　　]	→答え・解説 P.121

11〜15問正解

すばらしい！　あなたはイヌのなかのイヌです。イヌ先生になれますよ。

6〜10問正解

おしいです。もう一度本書を読めば、満点をとれるはずです！

0〜5問正解

わたしが教えている間、眠っていたでしょう!?　バレバレですよ……。

INDEX

#行動

#愛想笑い……24
#あくび……120
#頭を振る……124
#あとをつける……19
#甘がみ……63
#動かない……77
#うなる……32・59
#追いかける……126
#おしりのにおいをかぐ……40
#おしりを隠す……23
#おしりを引きずる……121
#お出迎え……75
#おもちゃを渡さない……128
#カーミングシグナル……106・120・140
#壁を見つめる……139
#かむ……33・115
#体をくっつける……26
#体をなめる……140
#草を食べる……122
#くっついて寝る……74
#首をかしげる……108
#ケンカ……49
#ケンカの仲裁……28
#ごはんを食べない……25
#しっぽを追いかける……119
#しっぽを振る……42
#地面を掘る……114
#ジャンプ……22
#砂をかける？……133
#背中をこすりつける……109
#立ち止まる……35
#ため息……118
#チラ見……66
#涙をなめる……29
#においをかぐ……111
#二足歩行……22
#吐く……122
#歯をむく……53

#ハンスト …… 25
#ブルブル …… 110
#プレイングバウ …… 42
#ヘソ天 …… 43
#マーキング …… 44
#前足をしゃぶる …… 112
#前足をたたむ …… 125
#前足をのせる …… 18
#見つめる …… 16
#目じりを下げる …… 30
#目をそらす …… 34
#洋服のすそをかむ …… 46
#リードを引っぱる …… 78

#鳴き声

#ヴォゥ！ …… 101
#ギャン！ …… 62
#キュンキュン …… 38
#ク～ン …… 69
#声がもれる …… 60
#人間の言葉？ …… 61
#ワンワン …… 39
#ワンワンワンワン！ …… 55

#体

#足が動く …… 151
#足が速い …… 163
#嗅覚 …… 147
#食いだめ …… 158
#毛が逆立つ …… 47
#毛が抜ける …… 154
#香ばしい …… 185
#興奮 …… 47・136
#呼吸 …… 146
#呼吸が荒い …… 141
#視覚 …… 138・148・149
#舌を出す …… 141
#しっぽが動く …… 136

#退色……153
#動体視力……144
#肉球……185
#肉球に汗をかく……150
#ネコ舌……160
#鼻が湿っている……147
#鼻で温度を探る……156
#反射反応……151
#味覚……162・179
#水の飲み方……142
#耳を下げる……48
#よだれ……157

#対イヌ

#怒られた……50
#空気を読む……52
#接し方……56
#吠えられた……54

#対人間

#飼い主があやしい……94
#飼い主が風邪……91
#飼い主に似る……97
#顔をなめる……58
#しつけ……72
#付き合いきれない……95
#人間の赤ちゃん……64
#人間の食べ物……92
#ひざにアゴをのせる……129

#気持ち

#イライラ……152
#気をつかう……68
#興奮……76・127
#散歩に行きたい……79
#不快……116
#やきもち……67

#生活

#インターホン……98
#大きな音……145
#起きる……80
#起きる時間……83
#鏡……96
#薬……89
#クレート……86
#孤独……183
#散歩……182
#シャンプー……84
#食事……161・184
#食事の時間……178
#ストレス……183
#トリミング……100
#寝相……130
#寝る……80
#寝る場所……82
#排せつ……85・132
#花火……145
#病院……88
#丸のみ……184
#洋服……90

#雑学

#イヌかき……176
#おやつ……177
#帰宅……171
#公認犬種……180
#仕事……168
#水泳……176
#好きな遊び……174
#祖先……166
#長生き……172
#仲間……180
#ヘアスタイル……170
#歴史……167

監修　井原 亮　いはら りょう

SKYWAN! DOG SCHOOL代表。家庭犬しつけインストラクター。犬の保育園をはじめ、出張レッスン、パピーパーティー、しつけ相談会など活動は多岐にわたる。専門学校で講師を務めた経験をいかし、ドッグトレーナーの育成にも力を入れている。『シバイヌ主義』(大泉書店) など監修書多数。

イラスト　みずしな孝之　みずしな たかゆき

4コマ漫画、ショートコミックを中心に執筆する人気漫画家。「イブニング」(講談社) で『いとしのムーコ』を連載中。

カバー・本文デザイン	細山田デザイン事務所（室田 潤）
DTP	長谷川慎一
執筆協力	高島直子
校正	若杉穂高
編集協力	株式会社スリーシーズン （松下郁美、朽木 彩）

飼《か》い主《ぬし》さんに伝《つた》えたい130のこと
イヌがおしえるイヌの本音《ほんね》

監　修	井原 亮
編　著	朝日新聞出版
発行者	片桐圭子
発行所	朝日新聞出版 〒104-8011　東京都中央区築地5-3-2 （お問い合わせ）infojitsuyo@asahi.com
印刷所	TOPPANクロレ株式会社

ISBN 978-4-02-333230-0

定価はカバーに表示してあります。
落丁・乱丁の場合は弊社業務部（電話03-5540-7800）へご連絡ください。
送料弊社負担にてお取り替えいたします。